Dictionary of Quantum Precision Measurement Terms

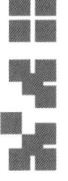

量子精密测量
术语词典

葛军 于国斌 陈景标 ◎主编

图书在版编目(CIP)数据

量子精密测量术语词典 / 葛军，于国斌，陈景标主编. -- 北京：北京大学出版社, 2025.8. -- ISBN 978-7-301-36569-4

I. O413-61

中国国家版本馆CIP数据核字第20256KS286号

书　　　名	量子精密测量术语词典 LIANGZI JINGMI CELIANG SHUYU CIDIAN
著作责任者	葛　军　于国斌　陈景标　主编
责任编辑	王　华
标准书号	ISBN 978-7-301-36569-4
出版发行	北京大学出版社
地　　　址	北京市海淀区成府路 205 号　100871
网　　　址	http://www.pup.cn　　新浪微博：@北京大学出版社
电子邮箱	编辑部 zyjy@pup.cn　　总编室 zpup@pup.cn
电　　　话	邮购部010-62752015　发行部010-62750672　编辑部010-62745933
印　刷　者	北京九天鸿程印刷有限责任公司
经　销　者	新华书店
	720 毫米×1020 毫米　16 开本　13.25 印张　231千字 2025 年 8 月第 1 版　2025 年 8 月第 1 次印刷
定　　　价	98.00 元

未经许可，不得以任何方式复制或抄袭本书之部分或全部内容。
版权所有，侵权必究
举报电话：010-62752024　电子邮箱：fd@pup.cn
图书如有印装质量问题，请与出版部联系，电话：010-62756370

编委会名单

特邀顾问：王义遒　谭久彬　李得天

主　编：葛　军　于国斌　陈景标

副主编（以姓氏笔画排序）：

王　宇　冯焱颖　史田田　全　伟　张　靖　张建伟
张升康　杨　洋　房　芳　胡毅飞　荣　星　费　旻
赵显峰　崔俊宁　谌　贝　黄晓钉　葛哲屹　潘　多

编　写（以姓氏笔画排序）：

丁余东　丁祝顺　马丹跃　马慧娟　尤　越　王秀梅
王忠伟　王雅琦　王暖让　王鹏飞　冯英强　史学舜
叶安培　申　彤　白金海　庄　伟　关笑蕾　刘　浩
刘　梦　刘雅丽　孙婧昕　成永军　成永杰　朱　珠
纪仟仟　杜晓爽　何　军　吴　康　吴　腾　吴爱华
吴晨菲　宋凝芳　张　佳　张　亚　张力丹　张伟伟
张虎忠　张铁犁　李　进　李　维　李宏光　李昱东
杨宏雷　肖　伟　苏亚北　陆吉玺　陈一婷　陈　煜
陈京明　陈馨怡　林　敏　林弋戈　林再盛　武腾飞
苗　杰　苗胜楠　范文峰　郑　莹　郑文强　段利红
洪叶龙　费　丰　徐小斌　徐利军　秦晓敏　聂　晶
谈宜东　贾云涛　贾文杰　麻霁阳　黄学人　龚鹏伟
商浩森　程华富　董　猛　谢　文　韩　蕾　韩艳晨
靳　刚　薛潇博　魏　凯　魏瑷瑷

序

量子科技是新一轮科技革命和产业变革的前沿方向。当今世界各科技强国，无不将量子科技列为由政府主导、市场引领的国家经济、社会和军事的重要战略发展内容，并投入巨大资金进行研发。我国也将量子科技列为国家发展新质生产力的重要领域，其所投资金已超过世界其他国家。由此可见量子科技在国家发展中的战略地位了。

量子精密测量是量子科技的三个主要领域之一（其余两个为量子通信和量子计算）。量子科技包括量子基础科学和由其为源头又促进其发展的量子技术两个方面，两者互为因果。被称为现代化学之父的门捷列夫说过，没有测量，就没有科学，因此，量子精密测量还是整个量子科技，包括量子通信和量子计算领域的基础。

目前，量子精密测量领域主要涉及时间频率、磁场强度、重力及重力梯度、惯性（含加速度计与陀螺仪等）和雷达探测等方面。测量包含的范围极广，当今科技发展日新月异，差不多每天都有新事物出现。对于任何一个新事物，都有对其形态、结构、性质以及它与其他事物关系的测量，所以测量项目层出不穷，测量名词术语也越来越多。我查了2019年出版的《物理学名词（第三版）》，共有名词14 426条，而2023年年底出版的《中国大百科全书（第三版）·物理学》，共收录3900余个条目。这两本书中，几乎每条都会涉及各种维度的物理量测量。由此可见测量是个纷繁复杂的事情，随着科技的迅猛发展，其涉及的名词术语还会越来越多。

任何测量的结果都要用含有单位（比例等除外）的数值来表示，即"量化"。这些数值有大有小，数字有多有少。有效数字（位数）越多，说明测量的分辨率越精细。如果在同样条件下测量的次数越多，每次测得数值的有效数字越多又越接近，就表示该测量的精密度越高。但是，这并不表示测得的数据一定准确。测量的"准确度"（现通称"不确定度"）是另一个概念，它标志测得值和被测量真值之间的距离。测量过程中由于某种外界干扰，可以使测得值偏离它的真值。这种干扰可能来自温度、气压、电场、磁场、交变电磁场、重力、引力场等物理因素，有时不被测量者所知。所以测量者要尽可能从各个方面去探索干扰的因素，了解它们影响测量值的物理规律，以便对测量值进行修正。这常常是相当困难的，历史上曾出现过因测量者忽略了某些干扰因素而宣称某些测量值的评估准确度远高于真实值的情况。

　　正是由于上述原因，现在关于测量的名词术语随着科学技术的进步和学科领域的细分而大量增加，因而对于他们的定义、解释和使用界限也要十分明确，才能避免测量的错误与偏差的不确定性。因此，本书编者的贡献是巨大的。不过由于量子精密测量的范围过于宽广，而且发展日新月异，名词术语迅速增加，本书又是初次由众多同行编纂而成，难免会有些遗漏或不准确之处。读者在使用之余也可能会发现它的某些瑕疵，并向编纂者指出。经验证明，这类著作只有经过多次修订重版，才能臻于完善。

　　是为序。

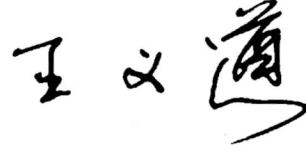

前　言

当今世界正加速演进，科技革命与大国博弈相互交织，高技术领域成为国际竞争主战场，深刻重塑着全球秩序和发展格局。

习近平总书记在十九届中共中央政治局第二十四次集体学习时指出，"量子科技发展具有重大科学意义和战略价值，是一项对传统技术体系产生冲击、进行重构的重大颠覆性技术创新，将引领新一轮科技革命和产业变革方向"。习近平总书记的重要指示，为加快量子科技发展提供了战略指引和根本遵循。

量子精密测量是量子科技的三大主要领域之一，通过对原子等微观粒子的精准调控，实现对物理量的高分辨率、高准确度测量，在科技创新、国防建设等领域展现出巨大的应用潜力。美国和欧洲各科技强国均出台了与量子精密测量相关的规划、计划与政策，持续加大资金投入，抢占战略制高点。"要想造得出，必先测得出；要想造得精，必先测得准。"量子精密测量作为"国之利器"，具有高灵敏度、高准确度、量值可直接溯源到物理常数等显著优势，能够在新质生产力发展和新质战斗力生成中发挥重要作用。如基于原子磁强计的磁探测系统，可精准定位深海异常目标；新型星载原子钟的频率稳定度可提升两个量级，使卫星导航系统定位误差大幅度降低；单光子成像仪可实现高精度三维点云成像，解决机载雷达超远距离快速标定的难题。

量子精密测量术语词典
Dictionary of Quantum Precision Measurement Terms

量子精密测量术语的规范化是构建学科体系、促进政产学研用协同的基石。当前量子精密测量术语使用中仍存在术语概念边界模糊、工程用语与学术定义脱节等问题，在一定程度上制约了学术交流、技术合作和产业发展。为避免名词术语歧义及对其的误解，我们组织开展了《量子精密测量术语词典》编纂工作，旨在为相关领域的科研与管理人员、高校学生提供一部权威、规范的参考书。本书是国内第一本量子科技的专业术语词典，对量子精密测量术语进行体系化设计，覆盖基础术语、量子精密测量通用器件，以及基于热原子量子效应的测量、基于冷原子操控的测量、基于囚禁离子的测量、基于光量子体系的测量、基于电子输运的测量、基于固态量子体系的测量等六个技术领域，包含160余条术语及180余幅图片。

本书是国防科技工业技术基础科研的一项重要成果，将有力支撑量子科技创新和高端人才培养。本书在编纂过程中，凝聚了量子精密测量领域近百名专家、学者的集体智慧。他们精选词条，反复推敲，力求做到释义准确、图文并茂。在本书出版之际，感谢北京大学原常务副校长王义遒教授、哈尔滨工业大学谭久彬院士、中国航天科技集团有限公司李得天院士等众多专家学者的辛勤指导。

葛　军　于国斌　陈景标

目 录

1 基础术语 ·· 1
2 量子精密测量通用器件 ··· 43
3 基于热原子量子效应的测量 ··· 68
4 基于冷原子操控的测量 ··· 90
5 基于囚禁离子的测量 ··· 107
6 基于光量子体系的测量 ·· 119
7 基于电子输运的测量 ··· 147
8 基于固态量子体系的测量 ··· 156
附录　量子精密测量国际动态与发展趋势 ································· 162
参考文献 ·· 175
索引 ·· 195

1 基础术语

1.1 量子 quantum

量子是描述物质或物理量在微观尺度上非连续的离散基本单位，量子的主要特点包括量子全同性、不确定性、叠加性、纠缠性等。在微观尺度上，光子、电子、原子、分子等微观粒子具有量子化特性。此外，能量、角动量、自旋等物理量以离散的量子化形式存在，并非连续变化，只能取特定值，尤其是作用量量子化具有根本性的核心地位。量子概念源自拉丁语"quantus"一词，尽管早期科学家如路德维希·玻尔兹曼（Ludwig Boltzmann）等人曾使用过该术语，但公认其在现代物理学中的明确引入始于1900年，当时德国物理学家马克斯·普朗克（Max Planck）在研究黑体辐射现象时首次提出"能量量子"的概念，为量子论奠定了基础。微观量子物质如图1（a）所示，原子可以分为电子和原子核，原子核可以细分为质子和中子，质子和中子又可以进一步细分为夸克。物理量量子化如图1（b）所示，1922年，奥托·斯特恩（Otto Stern，1943年诺贝尔物理学奖获得者）和瓦尔特·盖拉赫（Walther Gerlach）首次观测到在外加磁场 B 时，银原子的角动量 l 在磁场方向的分量是量子化的。量子概念提供了一种认知自然的全新方式，基于量子特性的量子计算、量子通信、量子精密测量对国民经济发展和国防安全建设具有重大意义。

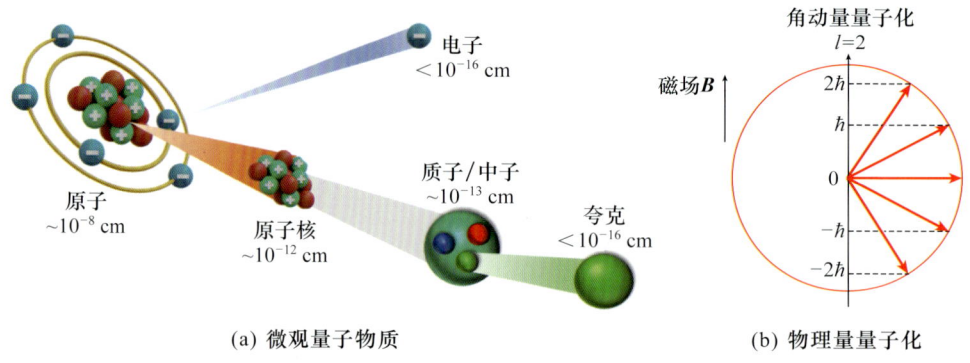

(a) 微观量子物质　　　　　(b) 物理量量子化

图 1　微观量子物质与物理量量子化示意图

1.2　量子态　quantum state

量子态是量子力学中描述量子特性的基本物理概念和数学工具，通常以波函数（或态矢量）的形式表示，它以概率分布的形式表达了量子系统的位置、动量等物理信息。量子态可分为纯态（可用单一波函数表示）和混合态（多个纯态的概率混合），或纠缠态和可分离态。量子态的主要特点包括叠加性和纠缠性。量子态是量子计算、量子通信、量子精密测量的基础。如量子精密测量通过对量子态的制备、操控和高灵敏度探测，实现对物理量超越传统计量测试水平的高准确度测量。量子态的制备、操控和高灵敏度探测在光频标中的应用示意图如图 2 所示。

1.3　量子叠加态　quantum superposition state

量子叠加态描述一个量子系统可以同时处于多个不同状态的线性组合中，如在量子叠加态下，原子可以同时处于基态 $|0\rangle$ 和激发态 $|1\rangle$。量子叠加态是量子力学中的核心概念之一，体现了量子系统与经典物理的根本差异。在量子叠加态下，量子系统的状态具有概率性的特点，测量结果并非预先确定，而是由量子叠加态的概率幅值决定。当对量子系统进行测量时，量子叠加态会随机坍缩为其中一个具体状态，这种坍缩过程具有随机性，但符合一定的统计规律。量子叠加态是量子计算、量子通信、量子精

密测量等领域的重要理论基础，如在量子精密测量中，量子叠加态与纠缠态的结合能够突破传统测量的标准量子极限。微观粒子内部能级之间或微观粒子之间状态的量子特性如图3所示。

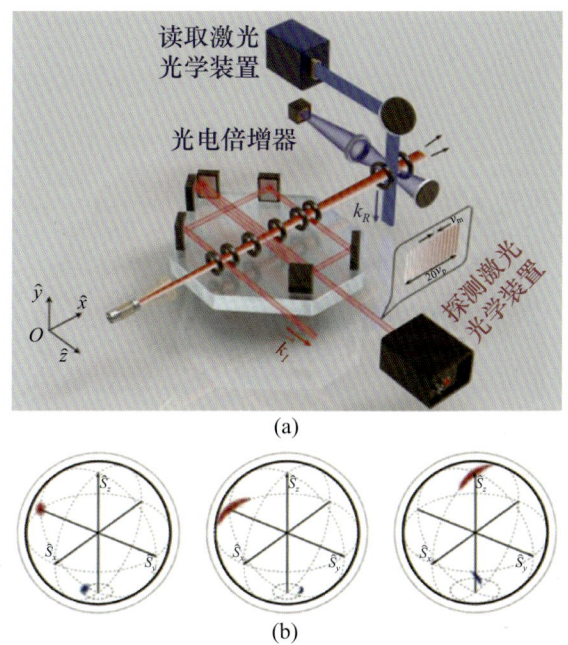

图2　量子态的制备、操控和高灵敏度探测在光频标中的应用示意图
(a) 量子态的制备、操控和高灵敏度探测示意图；(b) 量子态的演化示意图

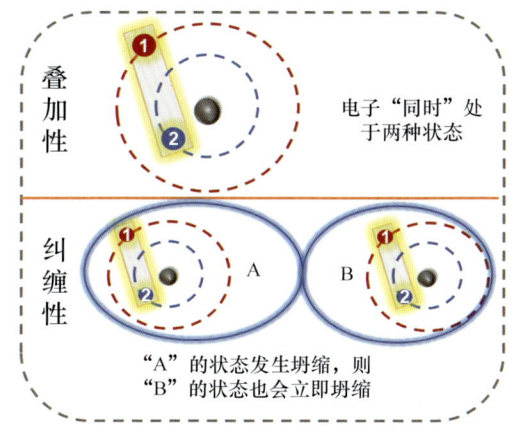

图3　微观粒子内部能级之间或微观粒子之间状态的量子特性

1.4 量子纠缠态 quantum entanglement state

量子纠缠态是两个或多个量子系统之间以及量子系统内各子系统之间非定域、非经典的关联状态，无法分解为子系统独立态的乘积。当多个量子系统处于纠缠态时，即使它们在空间上被分隔得很远，依然表现出一种超越经典物理的关联性，对其中一个量子系统的测量结果会瞬间影响另一个量子系统的状态。这种关联不依赖于经典物理中的直接相互作用。量子纠缠态具有非定域性和不可克隆性的特点，即远程粒子之间的这种关联不受传统物理学中的时间和空间限制，并且无法精确复制一个未知的纠缠态。量子纠缠态示意图如图4所示。量子纠缠态在量子计算、量子通信和量子精密测量等领域具有重要应用，例如在量子通信中，纠缠态用于将一个粒子的量子信息远程传输到另一个粒子上，在量子精密测量中，可利用光子纠缠原理进行精密成像，研制量子雷达等装备。

图4 量子纠缠态示意图

1.5 量子压缩态 quantum squeezed state

量子压缩态是量子力学中的一种特殊类型的量子态，通常用在量子光学领域，特别是在量子通信和量子精密测量中。量子压缩态通过量子噪声压缩技术减少了一对相互关联的物理量中某一个的不确定性（通常是位置与动量、光子数与相位的不确定性），而使另一个物理量的不确定性相应增加，从而遵守海森伯不确定性原理。常见的量子压缩态有位置压缩态、动量压缩态等。量子压缩态在量子精密测量中具有重要应用。例如，在引力波探测中，利用量子压缩态能够减少量子噪声，提升探测仪器的灵敏度。通过对光信号进行压缩，可以在低信噪比的条件下提高对系统的测量准确度，增强对引力波等微弱信号的检测能力。

1.6 量子态制备 quantum state preparation

量子态制备是量子物理学中创建特定量子态的过程，通过精确操控的方法把量子系统制备到需要的量子态，是量子精密测量等领域的基础步骤。常见精密操控的方法有磁选态、光泵浦、光极化等。量子态制备是构建原子钟、原子干涉重力仪、原子磁强计等精密测量设备的先决技术条件。

1.7 量子态探测 quantum state detection

量子态探测是一种利用光学等手段获取量子态信息（如跃迁概率、相干相位等参数）的方法。由于各种噪声的存在，准确探测量子态信息需要精确的量子态操控、高灵敏度探测，以及非破坏测量等手段。量子态探测是时间频率、加速度、电磁场强度等物理量精密测量的关键技术。

1.8 量子信息 quantum information

量子信息是关于量子系统"状态"所带有的物理信息，它的最小载体是量子比特，通过量子力学原理实现物理信息的表征、处理、传输与存储等过程，如图5所示。量子信息按应用方向可分为量子精密测量、量子计算、量子通信、量子密码学、量子信息存储等，分别聚焦于精密测量、信息的运算处理、远距离传输、安全加密及可靠存储等。量子信息具有显著区别于经典信息的确定性和局域性，量子信息的核心原理包括量子叠加原理，即量子态可按线性叠加方式存在；量子纠缠原理，即多粒子系统存在非局域关联；量子不可克隆定理，即任意未知量子态无法被精确复制。基于量子信息可突破经典信息的确定性和局域性的限制，在量子精密测量领域，量子信息技术通过操控多粒子量子态的叠加与纠缠，可突破物理量（如时间、磁场、位移、重力等）传统测量精度的标准量子极限，实现对物理量（如时间、磁场、位移、重力等）的超高精度测量，为基础物理研究和精密传感应用提供核心技术支撑。

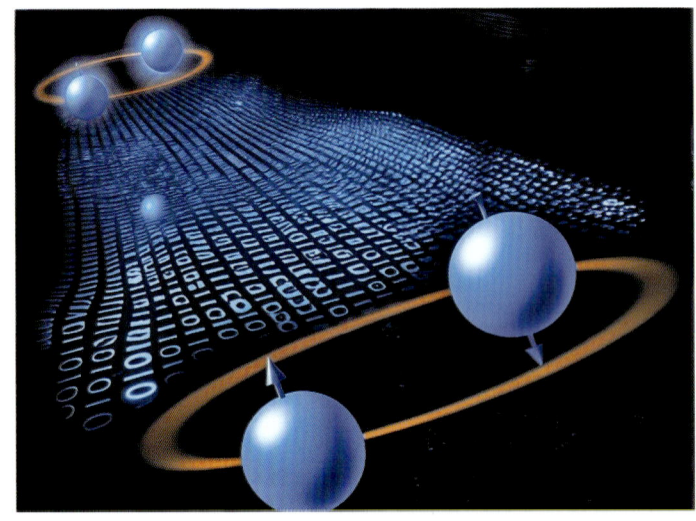

图 5　量子信息概念示意图

1.9　量子精密测量 quantum precision measurement

量子精密测量是利用微观粒子体系的量子效应（能级跃迁、相干叠加、量子纠缠等）突破经典测量技术极限，实现对目标及其运动状态的高灵敏度、高准确度感知的新一代测量技术，量子精密测量示例如图 6 所示。在经典物理中，测量准确度受限于标准量子极限（正比于 $1/\sqrt{N}$，N 为粒子数）。然而，量子精密测量可以利用量子特性突破这一极限，达到海森伯极限（正比于 $1/N$，N 为粒子数），从而显著提升测量准确度。

量子精密测量的研究主要集中在原子钟、量子干涉重力仪、原子磁强计、原子陀螺仪、光子雷达等领域。随着以高精度、小型化、低成本为特点的量子精密测量技术逐步成熟，一方面量子精密测量可在时间、重力、磁场、惯性等物理量上获得前所未有的测量准确度、灵敏度和高分辨率；另一方面量子精密测量可成为新一代产业革命的底层技术，开发新的应用场景，有望率先实现大规模产业化应用。

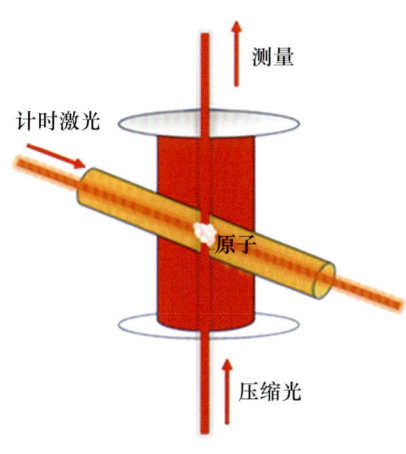

图 6　量子精密测量示例

1.10　量子计量 quantum metrology

量子计量是基于量子力学原理，对原子、离子、光子等微观粒子的量子态进行制备、操控、高灵敏度探测，从而对物理量进行高分辨率、高灵敏度测量，并实现计量标准研建与量值传递的学科。量子计量具有溯源性好、稳定性优、准确度高等特点，相对于经典计量学，具有前瞻性、颠覆性等明显特征，是当今世界计量领域"皇冠上的明珠"。量子计量分为基于热原子量子效应的计量、基于冷原子操控的计量、基于囚禁离子的计量、基于光量子体系的计量、基于电子输运的计量、基于固态量子体系的计量等主要领域。

量子计量技术在实现科技自立自强、促进经济高质量发展、提升综合国力方面具有战略意义。国防科技工业体系建立了约瑟夫森直流电压标准、原子时标标准装置、量子化霍尔直流电阻标准装置、冷原子重力标准装置等量子计量标准；研发的高性能星载氢钟、铷钟实现批量上星，成为北斗卫星导航系统的核心。

1.11 量子涨落 quantum fluctuation

在量子力学中，单个粒子出现的位置是不确定的，通常用概率描述，在量子力学中称为波函数。如果对一个量子态进行测量，每一次测量都会与测量的平均值产生一定的偏差，这就是量子涨落。量子涨落可以想象成一个平静的海面上突然出现的波浪，这些波浪是在量子场中出现的，有各种各样的频率和振幅。量子涨落是量子系统测量过程中的必然事件，也是多种量子精密测量噪声的起源。量子涨落示意图如图 7 所示。

量子真空涨落（有时简称真空涨落、量子涨落等）是指在空间任意位置能量的暂时随机变化。零点能量涨落是指温度在绝对零度时，由于不确定性，粒子仍然具有不为零的能量导致的涨落。热量子涨落是指在有限温度下，由粒子的热运动导致的涨落。

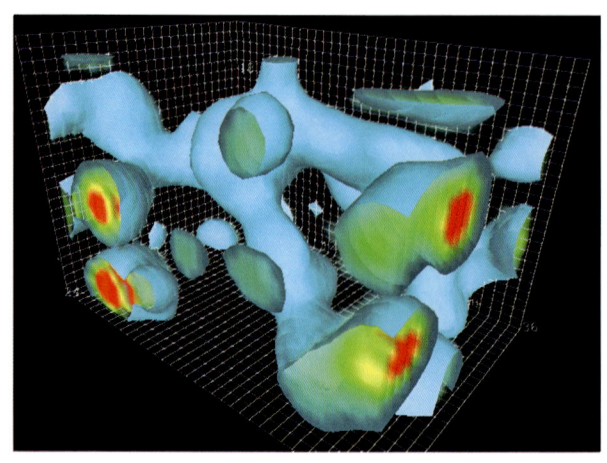

图 7　量子涨落示意图

1.12 量子噪声 quantum noise

量子噪声是在量子系统的测量和操作过程中固有的随机性，这种随机性源于量子系统的内在特性，包括粒子的波动性和量子态的不确定性，同时也受到量子真空涨落的影响。与经典噪声不同，量子噪声并非由仪器不精确或外部干扰引起，无法通过提高测量精度或稳定度来完全消除。常见的量子噪声包括散粒噪声（shot noise）、量子投影噪声（quantum projection noise）等。散粒噪声是由粒子（如光子或电子）的粒子数涨落而引起的噪声。量子投影噪声是测量一个量子系统时由于存在跃迁概率而不可避免的随机性，测量过程中存在固有的统计涨落。尽管量子噪声无法完全消除，但它可以通过一些量子技术手段进行抑制。例如，利用量子纠缠态，将多个量子系统纠缠在一起，使得某些类型的噪声得以相对抑制，从而提高测量准确度。此外，量子噪声也是量子通信和量子计算等领域的重要考虑因素，控制和抑制量子噪声是实现量子精密测量技术应用的关键。

1.13 量子干涉 quantum interference

量子干涉是量子力学中不同路径的波函数叠加导致概率相长或相消的现象，体现了量子叠加特性。干涉现象在自然界很普遍，例如水波干涉（如图8所示）、光的杨氏双缝干涉等。经典干涉具有以实物为媒介、可直接观察的特性，例如水波或者振动的干涉是振幅的相加。发生量子干涉的波是描述微观粒子的概率波，它表现为量子叠加态上的概率分布，波函数的"波"性不以实物为媒质来"支撑"其传播，发生干涉时不能直接地观察到干涉图样，但可以通过大量微观粒子的集体累积表现，间接地得到与经典干涉相似的量子干涉图样。典型实验现象包括电子双缝干涉（如图9所示），以及马赫-曾德尔（Mach-Zehnder）干涉，量子通过分束器分束后重新叠加形成干涉条纹，干涉条纹对比度直接反映量子态的相干性，退相干过程会削弱干涉效应。利用量子干涉可提升相位测量灵敏度，实现物理量的高准确度测量。对量子干涉的深入研究不仅有助于探索量子世界的本质，而且有助于量子干涉在量子通信、量子精密测量等领域的广泛应用。

原子干涉是以原子形成的物质波为基础,通过对物质波进行分束、反射与合束等一系列操作,实现对与物质波相位相关的物理量的高准确度测量,其原理如图10所示。由于物质波的波长比激光波长短几个数量级,因此具有更高的测量准确度。原子干涉技术可用于重力加速度、角速度等工程参数的最高计量标准研建,以及相关计量仪器、传递标准研制与量值传递方法的研究。

图8　经典干涉:水波干涉

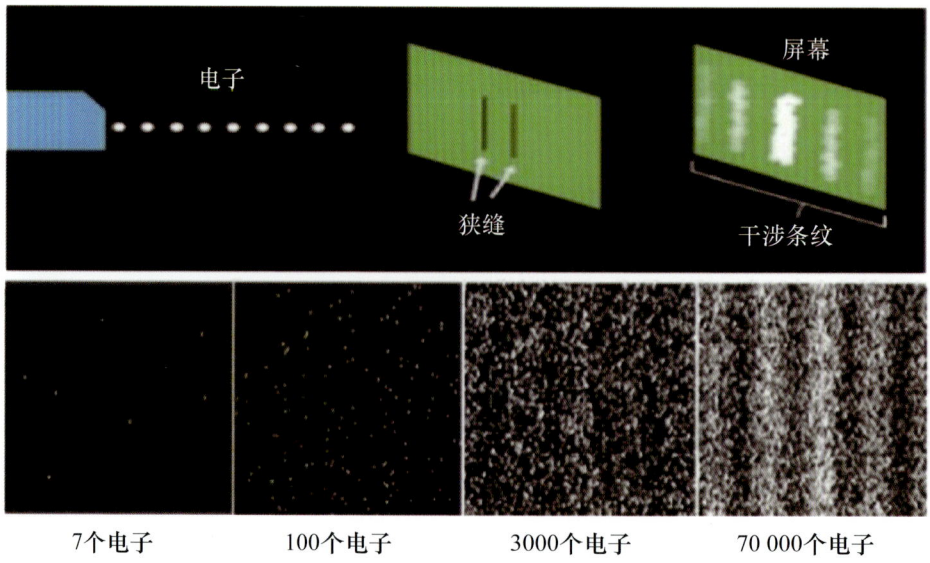

图9　量子干涉:电子双缝干涉

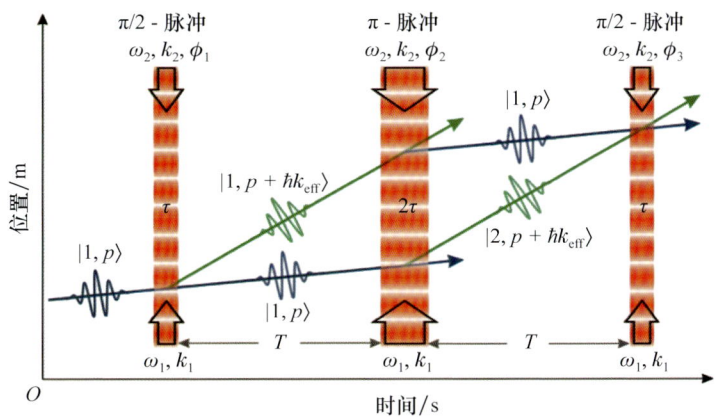

图 10 原子干涉原理图

1.14 量子传感 quantum sensing

量子传感是一种基于量子力学原理（如量子叠加态、量子纠缠态、量子压缩态等）实现对物理量超高精度测量，并按照一定的方法转换成可用信号的过程。其核心在于利用量子系统的独特性质突破经典测量极限，例如通过纠缠光子对或压缩光降低噪声，或利用量子系综的量子相干性增强信号响应。

量子传感器是基于量子传感原理而设计与制作的器件，常见的量子传感器包括原子磁强计、原子重力仪、原子陀螺仪等，可显著提升对磁场、重力场、加速度等物理量的探测灵敏度，应用领域涵盖基础物理研究（如暗物质探测）、地球磁场和重力场测绘、磁异常和重力异常检测（如水下目标探测）、生物医学成像（如纳米级磁共振成像）等。

1.15 光量子 photon quantum

光量子是电磁辐射的能量量子化单元，由阿尔伯特·爱因斯坦（Albert Einstein，1921年诺贝尔物理学奖获得者）于1905年在解释光电效应（如图11所示）时首次提出，也被称为光子（photon）。其能量满足普朗克公式 $E=h\nu$，其中 h 为普朗克常数，ν 为光子频率。光量子具有波粒二象性，既可通过双缝干涉（如图12所示）、衍射表现波动性，也可通过光电效应等实验体现粒子性。作为规范玻色子，光子是电磁相互作用的媒介粒子，静质量为 0，自旋为 1。光量子理论是量子光学与量子信息技术的基石，广泛应用于量子通信、量子精密测量等领域。

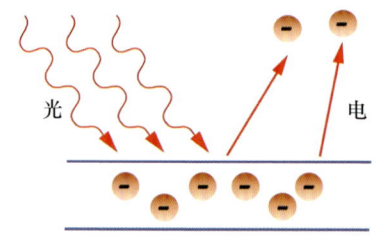

图 11　光电效应示意图

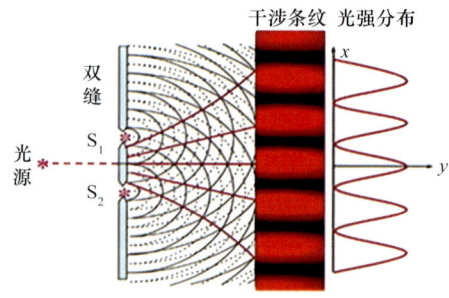

图 12　双缝干涉示意图

1.16　原子能级　atomic energy level

原子能级是原子内部电子可能占据的不同能量状态。电子分布在量子化的、不连续的特定能级上，在不同能级间跃迁会吸收或释放特定波长的光子。原子能级是原子能量量子化特征的重要表现，不同的原子能级可以按照能量从低到高分为基态和激发态。大多数量子精密测量技术都依赖原子能级的态制备、操控与探测。在外部磁场或电场的作用下，原子能级分裂为多个子能级，称为塞曼效应和斯塔克效应，可用于实现对磁场或电场的精密测量。原子结构示意图如图 13（a）所示。以 ^{39}K 原子为例，原子能级示意图如图 13（b）所示。

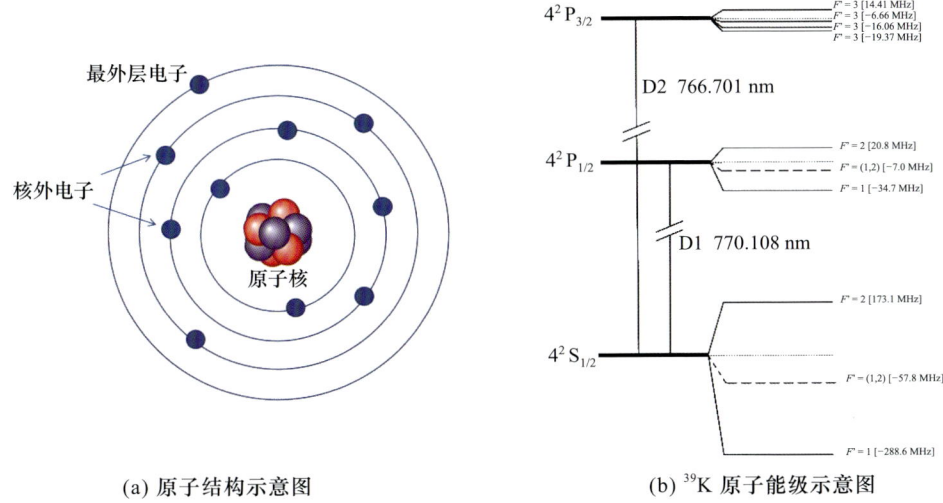

(a) 原子结构示意图　　　　(b) ^{39}K 原子能级示意图

图 13　原子结构及原子能级示意图

1.17　原子能级跃迁　atomic energy level transition

原子能级跃迁是原子在外界作用下（如微波、光子激发），内部电子从一个能级跃迁到另一个能级的物理过程，这个过程通常涉及原子内电子的能量变化，并伴随相应的电磁吸收与辐射。跃迁频率 v 符合 $\Delta E=hv$，其中 h 为普朗克常数，ΔE 为两个能级之间的能量差值。原子能级跃迁包括自发跃迁与受激跃迁。自发跃迁是指由于真空涨落内在因素，原子在没有外部激励的情况下，从高能级自发地跃迁到低能级，并释放出光子（称为自发辐射）。这种跃迁通常是随机的，光子的相位和传播方向都是随机的。受激跃迁则是指原子在受到外部光子或其他外部激励（如电场、磁场、高温）时，从一个能级跃迁到另一个能级的过程，包括受激吸收与受激辐射。其中受激辐射的光子与入射光子具有完全相同的特征，如频率、相位、振幅以及传播方向等，这使得受激辐射的光子具有高度的相干性。原子受激吸收光子和自发辐射光子的示意图如图 14（a）所示。

原子能级跃迁受选择定则约束，符合待定规则的跃迁才是被允许的，反之被称为禁戒跃迁。原子能级跃迁在量子信息技术中具有广泛的应用，特别是在量子精密测量中，许多量子态的制备、操控和探测方法都基于原子能级跃迁。例如，铷原子钟的工作原理是基于铷原子的能级跃迁实现高稳定的微波频率标准或光学频率标准输出。^{87}Rb 原子的能级跃迁在光频标中的应用如图 14（b）所示。激光的工作原理就依赖于受激辐射，通过受激跃迁实现了光功率的放大。

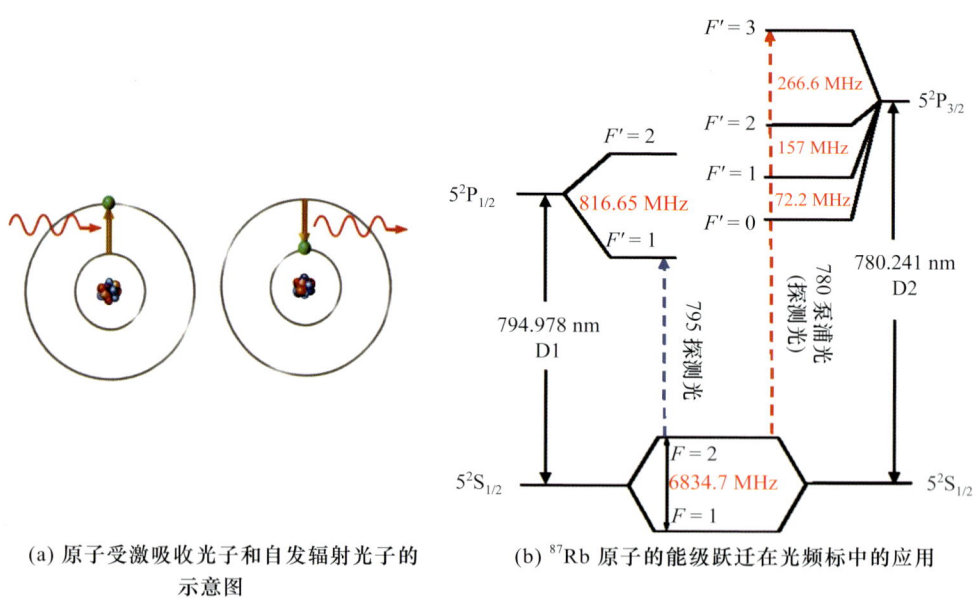

(a) 原子受激吸收光子和自发辐射光子的示意图

(b) ^{87}Rb 原子的能级跃迁在光频标中的应用

图 14　以 ^{87}Rb 原子为例的原子能级跃迁示意图

1.18　朗道能级　Landau level

朗道能级是当二维电子气（two-dimensional electron gas，2DEG）处于强磁场超低温环境时，连续的能带变成了分立的能级，由苏联物理学家列夫·朗道（Lev Landau，1962年诺贝尔物理学奖获得者）发现。出现朗道能级是复现量子化霍尔效应的前提，朗道能级的能隙是决定量子电阻平台宽度的重要因素。朗道能级示意图如图 15 所示。

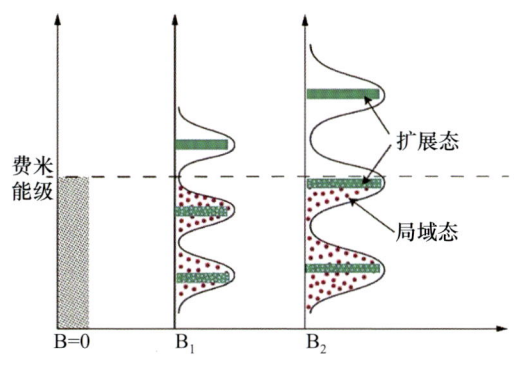

图 15　朗道能级示意图

1.19　不确定性原理　uncertainty principle

不确定性原理是量子力学的基本原理之一，也常被称为"测不准原理"，由德国物理学家沃纳·海森伯（Werner Heisenberg，1932年诺贝尔物理学奖获得者）于1927年提出，揭示了微观粒子在位置、动量等物理量之间存在着一种无法突破的测量准确度限制。对于某一对互补（正则共轭）物理量，如位置和动量、能量和时间，无法同时对它们进行任意准确度的测量，如图16所示。不确定性原理通常包含位置-动量不确定性原理（$\Delta x \cdot \Delta p \geqslant \hbar/2$）、能量-时间不确定性原理（$\Delta E \cdot \Delta t \geqslant \hbar/2$）等。不确定性原理的本质并非源于实验技术的局限，而是量子力学对自然界本质描述的一部分，反映了量子系统中测量行为的内在约束。该原理奠定了量子力学的不确定性观念，是理解微观世界中概念性本质与波粒二象性的重要基础，同时在量子精密测量、量子计算等领域具有重要影响。

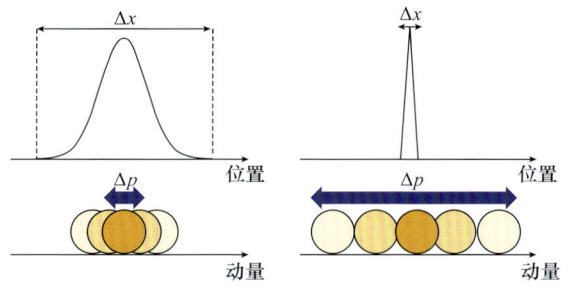

图 16　位置-动量不确定性原理示意图

1.20 海森伯极限 Heisenberg limit

海森伯极限是量子精密测量中能实现的一种测量准确度的极限，是指在测量准确度上，测量误差的最小值与用于测量的粒子数N之间的关系。与经典测量技术中的标准量子极限（正比于$1/\sqrt{N}$，N为粒子数）相比，海森伯极限具有更高的测量准确度，其测量误差与粒子数N成反比（正比于$1/N$，N为粒子数），如光子、原子的数目。海森伯极限可通过多体量子纠缠等手段实现。在经典情况下，增加粒子数只能提升测量准确度到标准量子极限，但通过量子纠缠等量子效应，可以使得粒子之间的关联性提升，从而实现测量准确度的突破，接近海森伯极限。在量子精密测量中，频率、磁场等物理量的测量准确度可望达到海森伯极限，这对前沿科学实验、新型原子钟、引力波探测等研究领域具有深远的影响。

1.21 斯塔克效应 Stark effect

斯塔克效应是指在外电场作用下原子、分子或带电离子的电子能级结构发生移动或劈裂的量子效应。此效应最早由德国物理学家约翰尼斯·斯塔克（Johannes Stark，1919年诺贝尔物理学奖获得者）在1913年发现。根据外电场是直流或交流，斯塔克效应分为直流斯塔克效应和交流斯塔克效应。直流斯塔克效应可分为线性和非线性两部分。交流斯塔克效应的存在使能级在电磁波的作用下产生位移，相应地，能级间跃迁共振频率在其他非共振电磁波的作用下也会产生频移，例如"光频移"。

斯塔克效应在物理学和化学中应用广泛，例如在激光物理、光谱学、等离子体物理以及量子信息处理等领域。通过研究与应用斯塔克效应，科学家们可以更深入地了解原子和分子的内部结构，以及它们与外部电磁场之间的相互作用，例如用于测量P（宇称）、T（时间）、C（电荷宇称）不对称的电子固有电偶极矩（electric dipole moment，EDM）的实验，如图17所示。

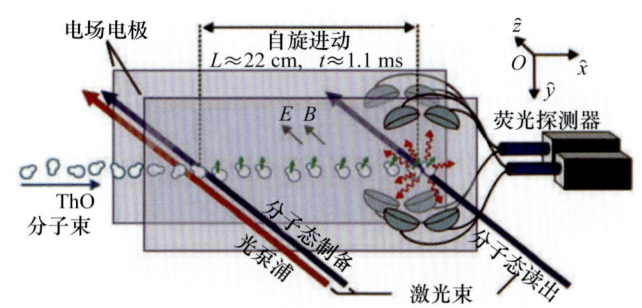

图 17　测量电子固有 EDM 实验装置示意图

1.22　塞曼效应 Zeeman effect

塞曼效应是在外磁场中原子或分子的光谱谱线发生分裂的现象，如图 18 所示。该效应由荷兰物理学家彼得·塞曼（Pieter Zeeman，1902 年诺贝尔物理学奖获得者）于 1896 年首次发现。把产生光谱的光源置于足够强的磁场中，磁场作用于光源可使其光谱由一条谱线分裂成几条谱线。塞曼效应最常见的应用是磁强计，包括大地磁场测量、生物脑磁和心磁测量、舰船探测等。此外，塞曼效应可用于测量电子的荷质比、天体的磁场。

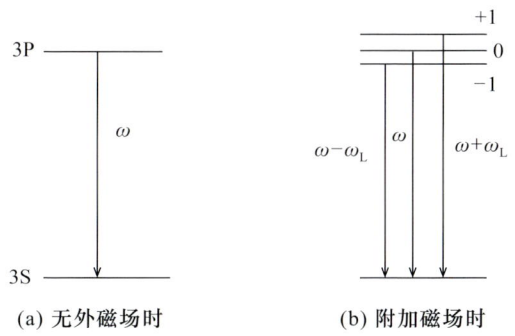

(a) 无外磁场时　　　　(b) 附加磁场时

图 18　塞曼效应能级分裂示意图

1.23　迪克效应 Dick effect

迪克效应是被动量子频标（如微波原子钟和光频标）中的一种重要的

噪声来源，主要与脉冲探测模式以及本振源的噪声相关，当量子频率参考只是周期性地去反馈控制本振源时，本振源的高频噪声混合到控制回路的带宽中，由此增加的噪声及其带来的稳定度恶化称为迪克效应。在被动量子频标中，经常通过周期性地用本地振荡器（local oscillator，LO）产生的信号与原子跃迁相互作用作为量子频率参考来锁定本振源频率。若本振探测源存在噪声，则两次探测之间的噪声会进入控制回路的带宽之内，这种噪声的频谱特性在周期性采样中导致噪声加大和稳定度恶化。简单来说，它本质上是本振源产生的信号对量子频率参考周期性探测的"非理想采样"导致的误差增加，需通过优化探测流程或缩短"死时间"来削弱影响。迪克效应对频率稳定度的典型影响如图19所示。迪克效应揭示了周期性测量方法对微波、激光等本振源噪声的敏感特性，是量子频标设计中必须抑制的关键噪声源。

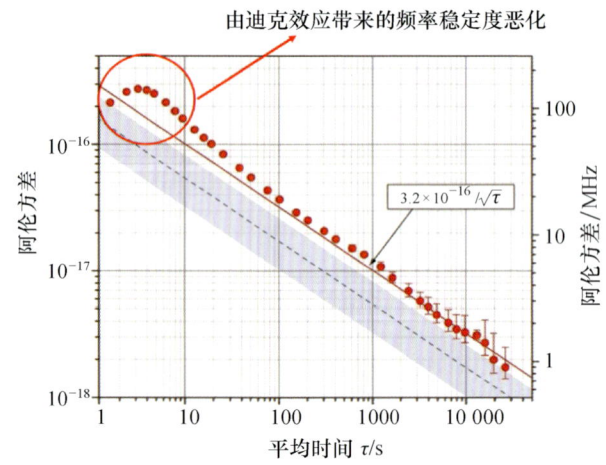

图 19　迪克效应对频率稳定度的典型影响

1.24　兰姆-迪克效应　Lamb-Dicke effect

兰姆-迪克效应是量子频标（如光晶格钟、离子光钟）中用于提高频率稳定度和准确度的核心物理机制，原理上它通过限制原子的运动范围，抑制原子与光场相互作用时的反冲效应和多普勒展宽，从而实现对原子跃迁频率的精准测量。如图20所示，具体地，当原子的运动被限制在小于探询电磁波波长的半波长范围内（称为兰姆-迪克区域）时，可以探测到不受一阶多普勒效应扰动的量子跃迁谱线。在兰姆-迪克区域内，碰撞不是使线宽增宽而是使线宽压窄，从而提高频率测量的稳定度和准确度。

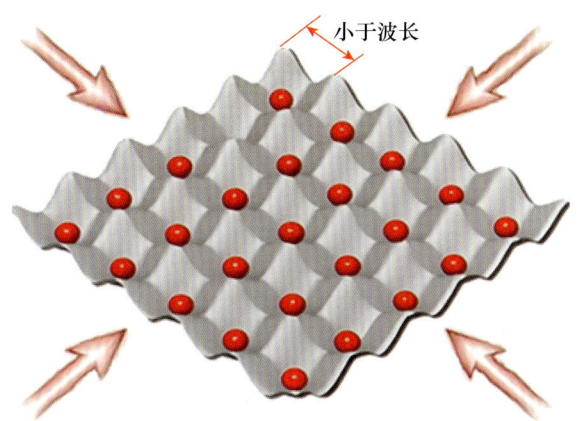

图 20　原子被囚禁在兰姆-迪克区域示意图

1.25　萨格纳克效应　Sagnac effect

萨格纳克效应是两束光（或电磁波）在旋转闭合光路中沿相反方向传播时因相对运动产生干涉相位差的物理现象，由法国物理学家乔治·萨格纳克（Georges Sagnac）于1913年通过实验首次证实。其物理本质在于，当闭合光路绕垂直于环面的轴以角速度 Ω 旋转时，沿光路相反方向传播的两束光会产生可观测的传播特性差异，这种差异的具体形式取决于实验装置的物理构型。在干涉型装置（如传统环形干涉仪或光纤陀螺的干涉式构型）中，顺、逆时针传播的两束光因光路旋转，需要不同的时间完成环路导致光程差，如图21所示，可以解释为，出射点发生移动（从 M 到 M'）导致光程差 Δl（而非单纯的几何路径差），从而形成可观测的相位差。该相位差与旋转角速度、光路包围面积及光波波长成正比。经典实验装置通常包含分束器、反射镜及旋转平台，光束在环形路径中反向传播后干涉，干涉条纹的偏移直接反映旋转效应。而在环形激光装置（如氦氖激光陀螺）中，由于激光振荡需满足驻波条件，旋转导致的传播特性差异表现为两束反向传播激光的频率分裂。频率差可通过拍频信号直接检测。萨格纳克效应的应用涵盖高精度惯性导航、地球自转与地壳形变监测，以及旋转参考系中相对论效应的实验验证等。基于干涉型差异的光纤陀螺（fiber optic gyroscope，FOG）和基于频率分裂的环形激光陀螺（ring laser gyroscope，RLG），共同构成了现代高精度角速度测量的核心技术。

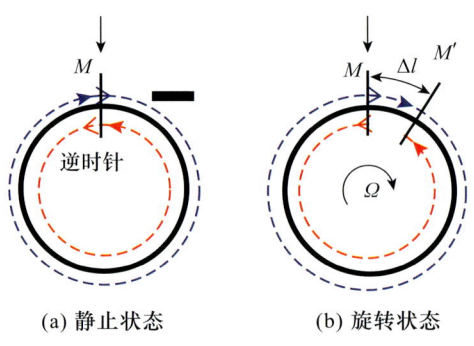

图 21　萨格纳克效应原理示意图

1.26　核磁共振　nuclear magnetic resonance，NMR

核磁共振是非零自旋的原子核在外磁场作用下，其自旋能级发生塞曼分裂，吸收特定频率的电磁波而发生能级跃迁的量子效应。能级跃迁产生可检测的信号，信号频率与原子核种类和化学环境相关，可用于分析物质结构。核磁共振效应由美国物理学家伊西多·拉比（Isidor Rabi）于1938年发现，拉比因此获得1944年的诺贝尔物理学奖。核磁共振装置由磁体系统、射频系统、控制与数据处理系统组成。其中，磁体系统提供稳定的强磁场，常用超导磁体需低温冷却至 4.2 K 实现；射频系统包括发射和接收线圈，用于施加射频脉冲和检测信号；控制与数据处理系统用于控制检测流程，处理信号生成谱图。

核磁共振装置具有高灵敏度、非破坏性的特点，按照磁场强度分为高场、中场和低场，磁场强度越高，分辨力越高。核磁共振技术为科学研究提供了强大工具，广泛应用于化学、生物医学和材料科学等领域，如分子结构分析、蛋白质分析、材料结构和缺陷分析。核磁共振成像（nuclear magnetic resonance imaging，NMRI）则应用于肿瘤、心脑血管疾病的诊断及早期筛查。

1.27 光抽运效应 optical pumping effect

光抽运效应（也称光泵浦效应）的一种是利用原子对光的选择吸收来改变原子在能级上的正常布居，抽空某些能级上的原子，使其集中到其他能级的量子效应。在一定温度下，原子按能级布居遵从玻尔兹曼规律，光抽运效应原理示意图如图 22 所示。能级 a 和 b 在三能级结构中，如激发态能级 c 与基态能级 a 和 b 均能发生电偶极跃迁。利用与能级 a 和 c 之间共振的激光照射原子系统，基态能级 a 上的原子被激发到激发态能级 c 上，进而以一定概率自发辐射回到基态能级 a 和 b。回到基态能级 a 的原子继续被激发到激发态能级 c，而基态能级 b 的原子不能被激发到激发态能级 c，导致原子在基态能级 b 积累，即原子从基态能级 a 被抽运到了基态能级 b。

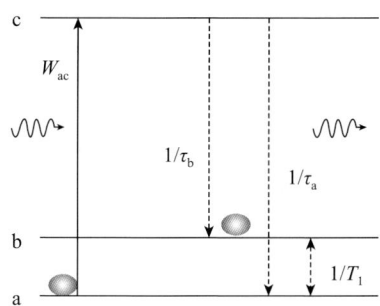

图 22 光抽运效应原理示意图

光抽运效应的另一种应用是使原子在塞曼能级之间产生有别于玻尔兹曼分布的新分布。可使用偏振光来抽运，利用激发到激发态各塞曼子能级和从激发态各塞曼子能级通过自发辐射回到基态各能级的跃迁概率不同，在基态磁子能级间弛豫时间长的情况下，可得到基态塞曼能级之间远离玻尔兹曼分布的原子布居。

1.28 拉姆塞分离振荡场方法 Ramsey's separated oscillation fields method

拉姆塞分离振荡场方法是通过施加空域和时域分开的两次乃至多次外加辐射场与原子相互作用，扫描外加辐射场的频率，原子与电磁场两次或多次相互作用产生干涉效应使线宽压窄，获得拉姆塞干涉条纹［又称拉姆塞（Ramsey）谱线］，如图23所示。拉姆塞分离振荡场方法由美国的诺曼·拉姆塞（Norman Ramsey，1989年诺贝尔物理学奖获得者）发现。该方法是获取原子钟钟跃迁信号常用的一种探测方法。在实验中，先后将两个间隔一定时间的 $\pi/2$ 脉冲与原子相互作用，两个脉冲之间的时间间隔称作自由演化时间。自由演化时间越长，原子钟钟信号线宽越窄，分辨率越高。通过对拉姆塞干涉条纹中心峰半高宽处的跳频测量，实现将本地振荡器锁定在原子跃迁谱线上。原子干涉仪也常采用拉姆塞分离振荡场方法。

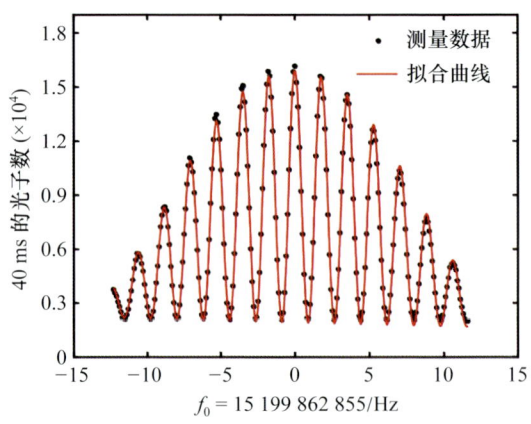

图 23　拉姆塞干涉条纹

1.29 约瑟夫森效应 Josephson effect

约瑟夫森效应可分为直流约瑟夫森效应和交流约瑟夫森效应。直流约瑟夫森效应是两个超导体之间形成弱连接结构时，超导电子对能够穿透弱连接区域，形成无耗散的超导电流。对于超导体-绝缘层-超导体结构，当绝缘层厚度减小到纳米量级时，两个超导体中电子对的波函数出现弱耦合，相位之间相关，电子对穿透绝缘层势垒，形成直流电流，结两端为零电压。如图 24 所示。

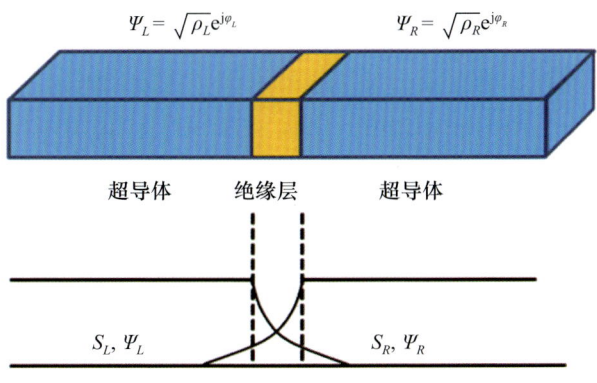

图 24 直流约瑟夫森效应示意图

在约瑟夫森结两端施加恒定的电压，但不施加电磁波，通过约瑟夫森结的电流大于临界电流，此时除了有正常电子隧穿的电流外，还有电子对隧穿形成的交变电流，交变电流的频率 f_0 与结两端的电压 V 成正比，称为交流约瑟夫森效应。反之，采用频率为 f_0 的电磁波辐照约瑟夫森结，结中便会产生与 f_0 成正比的直流电压，其伏安特性曲线呈现量子化的台阶状，称为夏皮洛台阶（Shapiro step）：

$$V_N = N\frac{hf_0}{2e} = Nf_0/K_J$$

其中，V_N 为结两端电压，f_0 为电磁波辐照频率，h 为普朗克常数，e 为电子电荷量，K_J 为约瑟夫森常数：483 597.848 416 984 GHz/V，N 为整数，±1，±2，…。如图 25 所示。

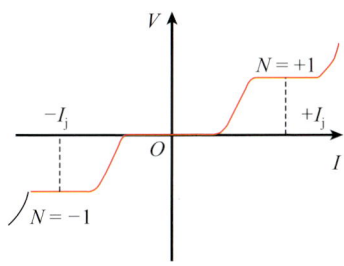

图 25 电磁波辐照下的伏安特性曲线

1962年，英国物理学家布赖恩·约瑟夫森（Brian Josephson）首先预言了超导电子对的隧道效应，其后不久，菲利普·安德森（Philip Anderson）和约翰·罗威尔（John Rowell）等人通过实验证实了约瑟夫森的预言。约瑟夫森因此获得了1973年的诺贝尔物理学奖。约瑟夫森效应具有宏观尺度量子性、频率-电压线性、对磁场高敏感性等特点。利用频率-电压线性特点，可以将直流电压量值溯源到极高准确度的原子钟，建立电压单位伏特（V）的自然基准。基于约瑟夫森结的超导量子干涉仪（superconducting quantum interference device，SQUID）对弱磁场极为敏感，可用于地质勘探、生物磁成像、水下异常物体探测等领域。

1.30　量子霍尔效应 quantum Hall effect

量子霍尔效应是在极低温度的条件下，对异质结制成的量子霍尔电阻棒等高迁移率半导体器件［如图26（a）所示］外加垂直强磁场 B，并通入固定电流 I，当磁感应强度变化时，电阻出现量子化平台，其量值与普朗克常数和电子电荷量相关，而对应的纵向电阻迅速降低为零，如图26（b）所示。这是二维电子器件在低温、强磁场条件下出现的效应，其电子沿半导体器件的边缘超导输运。量子霍尔效应是由德国物理学家冯·克利青（Von Klitzing）于1980年通过测量二维电子器件的电阻时发现的，克利青因此获得1985年的诺贝尔物理学奖。量子霍尔效应主要用于建立直流电阻基准，将电阻单位欧姆（Ω）直接溯源到普朗克常数和电子电荷量。

量子霍尔电阻表示为：

$$R_H = h/ie^2 = R_K/i$$

其中，h 为普朗克常数，i 为正整数（$i=1$，2，3，…），e 为电子电荷量，R_K 为冯·克利青常数：25 812.807 459 304 5 Ω。

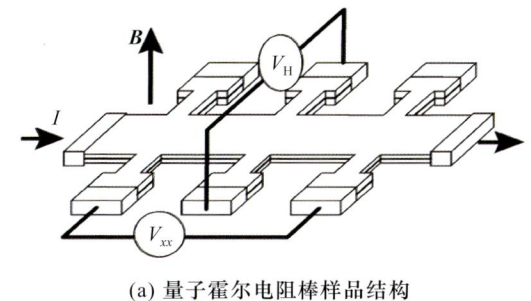

(a) 量子霍尔电阻棒样品结构

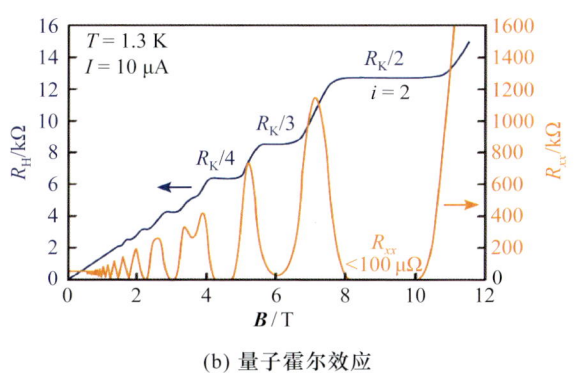

(b) 量子霍尔效应

图 26　量子霍尔电阻样品结构和量子霍尔效应图

1.31　量子隧穿效应　quantum tunneling effect

量子隧穿效应是微观粒子（如电子、光子等）具有一定的概率穿透高于粒子能量势垒的物理现象。这种现象源于粒子的波粒二象性，粒子的运动由波函数描述，当粒子接近势垒时，其波函数在势垒内部衰减，即使在势垒的另一侧，波函数仍然存在，因此，粒子存在穿透势垒的概率。

量子隧穿效应仅在微观尺度下出现，粒子穿透势垒的概率取决于势垒的高度、宽度和粒子的能量。势垒越高或越宽，粒子穿透的概率越低。量子隧穿效应的应用广泛，如扫描隧道显微镜（scanning tunneling microscope，STM）、单电子开关等，其中扫描隧道显微镜利用量子隧穿效应观察样品表面的原子尺度微观结构，单电子开关利用纳米尺度下单电子隧穿效应建立直流电流标准，将电流量值直接溯源到电子电荷量。

1.32 布洛赫-西格特频移效应 Bloch-Siegert frequency shift effect，BSE

布洛赫-西格特频移效应是在核磁共振（NMR）和电子自旋共振（electron spin resonance，ESR）等波谱学技术中观察到的现象，由费利克斯·布洛赫（Felix Bloch，1952 年诺贝尔物理学奖获得者）和阿诺德·西格特（Arnold Siegert）在 1940 年首次提出。

磁矩在稳定磁场中作圆周运动，而在与其相互作用的交变磁场一般是作线偏振运动，该线偏振运动的频率为 ω，可以看成是频率为 $+\omega$ 和 $-\omega$ 的两个反向旋转的圆偏振场的叠加。在共振中，一般只考虑与磁矩同向旋转的成分，反向旋转的成分与共振频率相差达 2ω 频率，在计算跃迁概率时可忽略不计，这种忽略高频振荡项的做法叫旋转波近似，但这一反向旋转的成分作为远离共振的电磁场继续存在，因此，可用光频移公式计算 2ω 频率的成分对共振频率的影响，这部分频移即布洛赫-西格特（Bloch-Siegert）频移，频移值近似为 Ω^2/Δ，其中 Ω 为外加驱动交变场（如激光、微波）的 Rabi 频率，Δ 为频率失谐量。一般情况下可忽略不计，但在原子钟等极精密量子测量仪器中需考虑其影响，如图 27 所示。

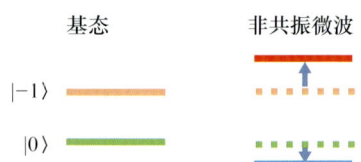

图 27　非共振微波造成 |0⟩ 和 |-1⟩ 态能级移动示意图

1.33 电磁感应透明效应 electromagnetically induced transparency effect，EIT 效应

电磁感应透明效应是量子光学和原子物理学领域中的一种重要物理现象，是指在特定条件下，原本不透明的介质在强控制光场的作用下变得对探测光透明。EIT 效应相继由苏联物理学家科恰罗夫斯卡娅（O. A. Kocharovskaya）和哈宁（Ya. I. Khanin）（于 1988 年）、美国物理学家

斯蒂芬·E. 哈里斯（Stephen E. Harris）（于 1989 年）提出并由实验验证。EIT 效应原理示意图如图 28 所示。EIT 效应的主要特点包括透明性、非线性增强、慢光效应、窄吸收线宽、无粒子数反转激光，广泛应用于卫星导航、通信系统和科学研究等领域。

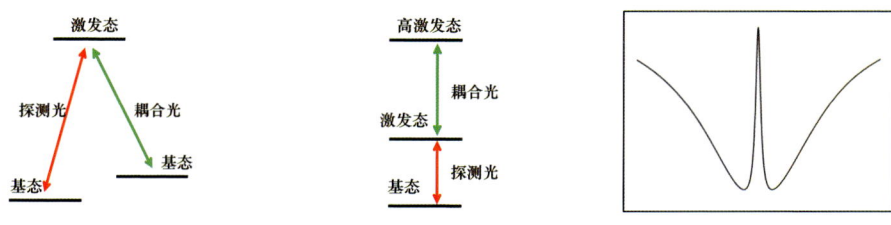

(a) 典型 Λ 型 EIT 效应能级结构　(b) 典型阶梯型 EIT 效应能级结构　(c) EIT 效应光谱

图 28　EIT 效应原理示意图

1.34　欧特莱-汤斯效应　Autler-Townes effect，AT 效应

欧特莱-汤斯效应是量子光学中的一种重要物理现象，是指在强外场作用下，原子、分子能级由于外场的耦合而发生分裂。1955 年，由美国物理学家斯坦利·欧特莱（Stanley Autler）和查尔斯·汤斯（Charles Townes，1964 年诺贝尔物理学奖获得者）在研究分子光谱时首次观测到这一效应。AT 效应原理示意图如图 29 所示，其主要特性包括能级分裂、双峰结构，在量子精密测量、量子计算、量子通信领域有广泛应用。如在量子精密测量领域，利用 AT 效应的能级分裂特性实现高准确度的微波电场测量。

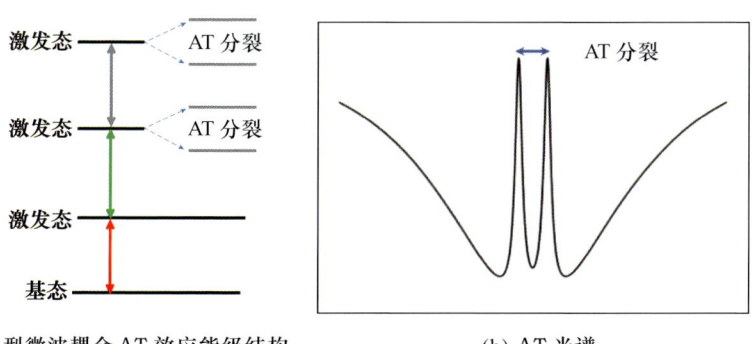

(a) 典型微波耦合 AT 效应能级结构　　　　(b) AT 光谱

图 29　AT 效应原理示意图

1.35 无自旋交换弛豫 spin-exchange relaxation free，SERF

自旋交换弛豫是在碱金属原子系综内，原子之间发生自旋交换碰撞引起的一种弛豫机制。经过自旋交换碰撞后，原子的基态超精细能级布居数会发生改变，而处于不同超精细能级的原子拉莫尔进动方向相反，因此碰撞后会引起进动相位的突变，导致原子系综退极化。在近零磁场和高碱金属原子数密度条件下，当原子发生自旋交换碰撞速率远大于拉莫尔进动频率时，一个拉莫尔进动周期内自旋交换碰撞会导致每个原子遍历所有的基态塞曼子能级，实现动态平衡，宏观来看原子的基态超精细能级布居数不再发生变化，因此自旋交换碰撞导致的弛豫消失，这一效应被称为无自旋交换弛豫，如图30所示。利用SERF效应可以进行弱磁场测量和惯性测量。

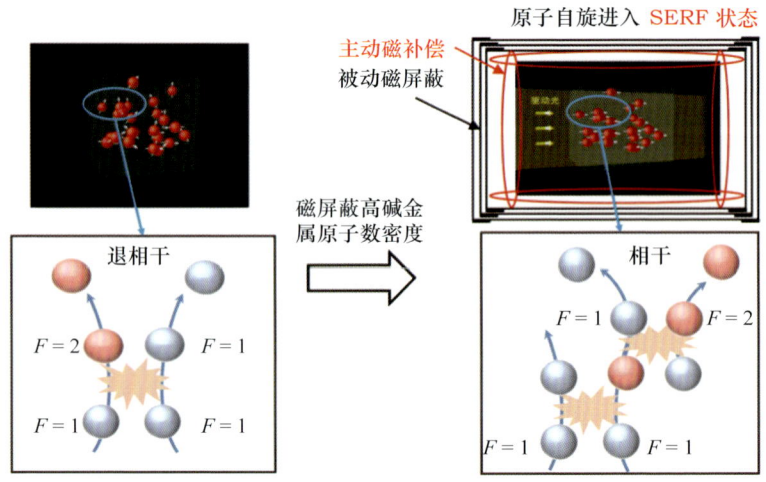

图30　无自旋交换弛豫示意图

1.36 重力红移 gravitational redshift

重力红移（即引力红移）是一种相对论时间膨胀效应，在强重力场中，时间流逝得较慢，而在弱重力场中，时间流逝得较快，其原理示意图如

图 31 所示。在地球表面，两台振荡器（也可以是原子或分子等量子体系）处在不同的重力势高度 h 上，则高度差 δh 引起的相对频率移动 δv/v 为：

$$\frac{\delta v}{v}=g\frac{\delta h}{c^2}$$

其中，v 为电磁振荡频率，g 为重力加速度，c 为光速。

重力红移具有如下特点：① 频率降低：由于重力场的作用，光线从重力源发射或逃离时，其频率会降低；② 波长增加：与频率降低相对应，光线的波长会增加；③ 与重力势强度相关：重力红移的程度取决于重力势的强度，重力势越大，重力红移现象越明显。

重力红移可应用于：① 通过实验验证重力红移现象，为广义相对论的正确性提供证据；② 通过观测一些特定原子光谱的重力红移，估计星球产生引力势的质量；③ 在全球卫星导航系统等要求高准确度测量的场景，需要考虑重力红移的影响，以确保其准确运行；④ 通过研究重力红移现象，进一步理解宇宙中的物质分布、星系运动和宇宙的演化过程。

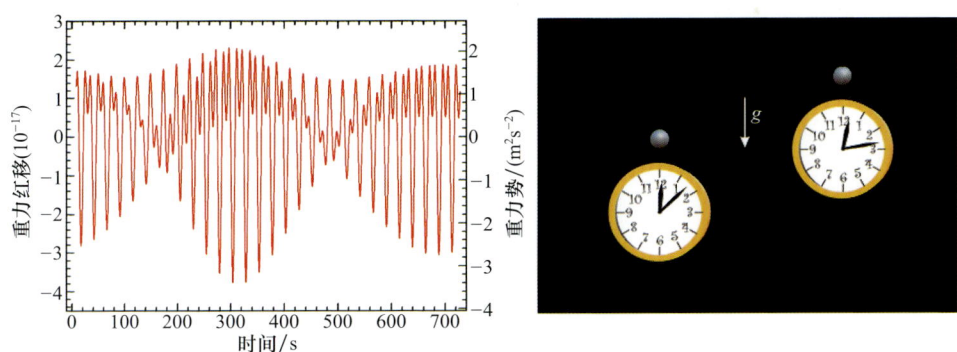

图 31　重力红移原理示意图

1.37　PDH激光稳频　Pound-Drever-Hall frequency stabilization

1983 年，罗纳德·德雷弗（Ronald Drever）、约翰·霍尔（John Hall，2005年诺贝尔物理学奖获得者）等科学家将罗伯特·庞德（Robert

Pound）采用微波腔稳定微波频率的技术推广应用于激光线宽压窄和激光稳频，一般称 PDH 激光稳频技术。PDH 激光稳频技术采用高精细度超稳谐振腔作为光学频率参考，通过高速伺服电路进行反馈，通过对激光器的电流和腔长的快速调节将其频率锁定在超高精细度法布里-珀罗谐振腔的共振点上，如图 32（a）所示。对入射光进行相位的调制，通过解调探测信号将相位的偏移信息转化成电信号的强度信息，得到如图 32（b）所示的误差信号，由反馈电路将激光频率锁定在超稳腔上。其实验系统实物图如图 32（c）所示。此技术被广泛应用于激光稳频和线宽压窄，尤其在光钟、引力波探测等量子精密测量领域不可或缺。

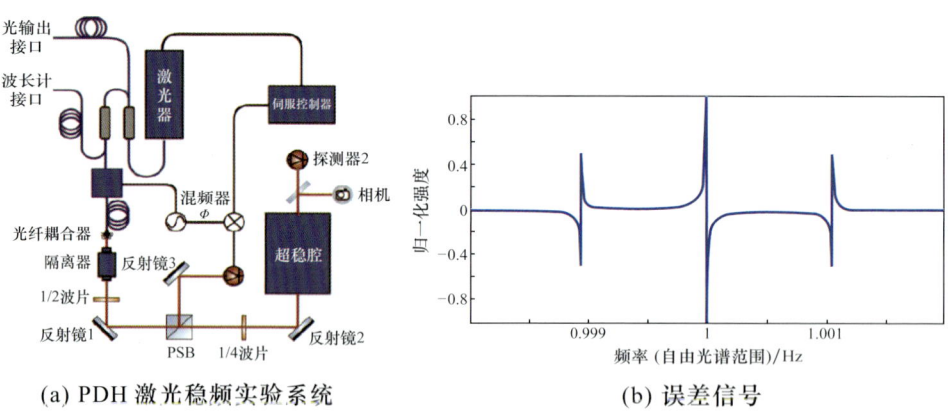

(a) PDH 激光稳频实验系统　　　　　(b) 误差信号

(c) PDH 激光锁频实验系统实物图

图 32　PDH 激光稳频实验原理系统

1.38 饱和吸收谱 saturated absorption spectroscopy

饱和吸收谱是一种经典的泵浦-探测式高分辨率激光光谱技术。其基本原理是，通过一束强泵浦光饱和特定速度原子的跃迁，使得探测光在共振频率处的吸收减弱，从而在吸收曲线上形成接近自然线宽的狭窄吸收信号，如图33所示。在多能级系统中，还可观测到交叉共振峰，这是由于不同跃迁共享同一能级而导致的非线性吸收特性。饱和吸收谱通常用于在热原子/分子气体中消除多普勒（Doppler）展宽，提取原子或分子的本征跃迁频率信息。根据光束传播方式不同，饱和吸收谱可分为反向型、共线型和偏置型。其特点是能在热原子/分子气体中实现窄线宽、高清晰度的谱线分辨。在量子精密测量领域，饱和吸收谱被广泛用于激光频率锁定、频率标准等系统，是实现高稳定性窄线宽激光源的重要基础技术。

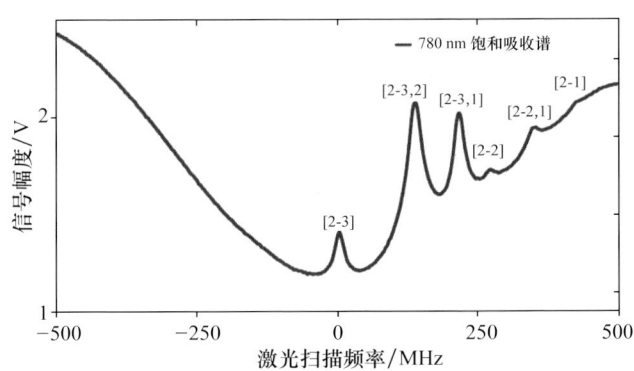

图 33　^{87}Rb 原子 D2 线的饱和吸收谱以及不同能级对应的饱和吸收峰

1.39 调制转移谱 modulation transfer spectroscopy

调制转移谱是一种高灵敏度、高分辨率、无多普勒背景的激光光谱技术。基于四波混频原理，通过将射频信号调制在泵浦光上，结合光相干探测和相敏解调技术，实现调制信号从泵浦光向探测光的转移，如图34所示。在这种机制中，两束相向传播的激光在非线性介质中相互作用形成空间光栅，当第三束激光通过该区域时，会在特定条件下产生一束新频率的光。这种新频率的光可以通过光电探测与参考信号进行拍频和相敏解调得到，从而提取出精确的频率信息。相较于传统的饱和吸收谱技术，调制转移谱使用外部电光或声光调制器对泵浦光进行调制，避免了直接调制带来的谱线展宽和附加噪声问题，具有频率稳定度好、漂移小的优势。这项技术自 20 世纪 80 年代被提出以来，被广泛应用于激光稳频，以及高精度光频标的建立中，尤其是在碘分子光频标中应用效果明显。

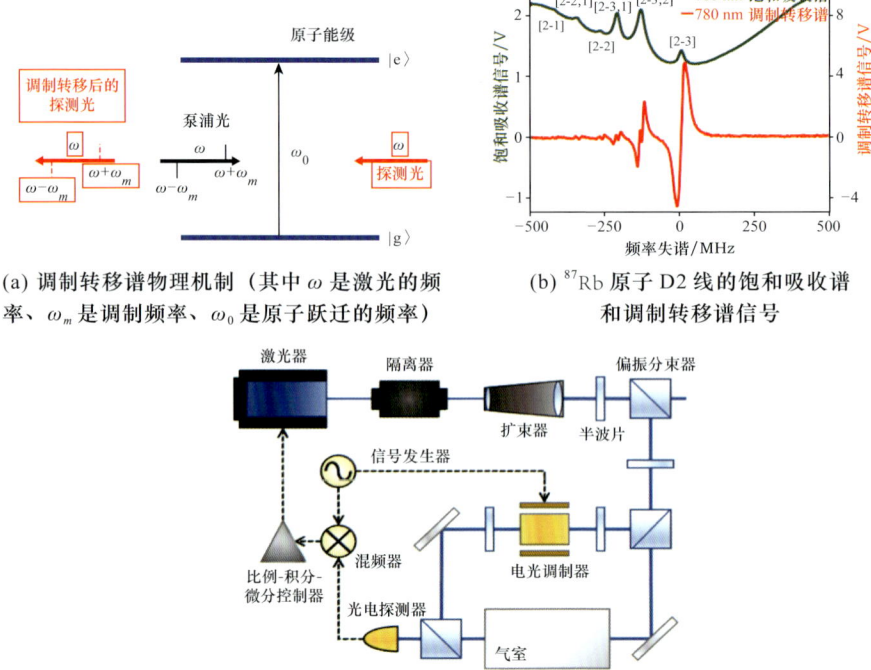

(a) 调制转移谱物理机制（其中 ω 是激光的频率、ω_m 是调制频率、ω_0 是原子跃迁的频率）

(b) ^{87}Rb 原子 D2 线的饱和吸收谱和调制转移谱信号

(c) 调制转移谱实验系统

图 34 调制转移谱的物理机制、信号和实验系统的示意图

1.40 激光干涉 laser interferometry

传统激光干涉是基于经典波动光学理论，利用激光的时间相干性和空间相干性，通过将两束或多束相干激光叠加时产生的光程差转化为可检测

的干涉信号，实现对距离、速度等参数的高精度测量，广泛应用于精密制造、科学研究和光学检测领域。如迈克耳孙（Michelson）干涉仪（如图35所示），可用于光刻机运动平台的纳米级位移测量以及六自由度纳米级对准，是支撑光刻机技术突破的关键，对芯片发展至关重要。量子激光干涉是基于量子力学理论，利用纠缠光子对、压缩态光等非经典光场，通过操控光子量子态的相位关联或多粒子干涉，实现突破标准量子极限的超高精度测量，其本质是量子态波函数的相干叠加。量子激光干涉不仅是量子力学的基础，更是量子计算、量子通信领域的核心。传统激光干涉是当前工业与科研的支柱技术，而量子激光干涉代表了下一代超高精密测量的发展方向，两者共同推动从纳米制造到宇宙探索的科技进步。

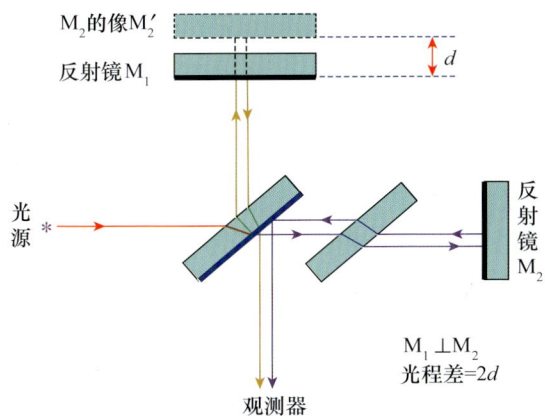

图35　迈克耳孙干涉仪原理示意图

1.41　激光测量　laser measurement

激光测量是基于光量子特性与经典光学原理，利用激光的高相干性和高单色性，通过传统光学手段或量子态调控方法，实现对物理量高精度测量的技术体系，广泛应用于超精密加工制造、医学成像、量子精密测量等领域。在原子精密测量中，可用于原子的冷却与囚禁、特定量子态的选择与制备，以及原子束的偏转与组合等关键环节。通过精确控制激光脉冲的频率、相位、强度和时序，可以实现对原子量子态的相干操控，从而对惯性、时间、磁场等物理量进行超高精度测量，该技术支撑了原子钟、原子重力仪、原子陀螺仪、原子磁强计等量子测量装置的发展。

1.42 原子束 atomic beam

原子束是在高真空中定向运动的原子流，是研究原子和分子的结构以及原子和分子同其他物质相互作用的重要手段，如图36所示。在高真空中，原子间的相互作用可以忽略，可将束流视为孤立原子的集合，便于研究原子本身的性质及其与其他粒子的相互作用。

图36 原子束示意图

原子束产生的方式有：① 加热气化法：简单的原子束源是带准直小孔的密封气室，对于室温下蒸气压低的固体物质，可加热使其气化，原子从准直小孔射出，再通过尖削器进一步准直，在相邻的高真空实验区形成原子束。② 离子转化法：利用离子源产生离子，经电场加速、聚焦后，再与电子复合产生较高速度的原子束，其速度可达10^5m/s或更高，且原子处于激发态。③ 超声分子束法：使气体从高气压区通过微型喷口，绝热膨胀到真空室，形成超声分子束。原子束探测方法有表面电离法、次级电子束法和激光共振荧光法，可用于光谱学研究、材料科学、显微成像和量子精密测量领域。随着激光冷却技术的成熟，目前也发展出了激光冷却实现慢原子束的方法，可用于实现原子钟、原子干涉仪等。

1.43 量子测量芯片 quantum measurement chip

量子测量芯片是利用量子力学原理（例如量子叠加态、量子干涉、量子纠缠态等），将量子测量技术与微纳加工工艺相结合的微型化集成器件。它采用微电子、光电子设计与加工手段，将量子传感器件集成在芯片上，对量子态（例如原子能级、光子态、电子自旋态等）进行高准确、高灵敏的传输、调控和探测，旨在实现对频率、波长、磁场、加速度等物理量的精密测量，具有超高灵敏度、微型化、低功耗、多物理量兼容等特点。

量子测量芯片可分为光子集成测量芯片、超导量子芯片、固态自旋量子芯片等，可作为导航定位、精确探测、环境检测、资源勘探、医疗成像、基础科学研究及计量校准等领域的微型化、嵌入式、原位测量装置。

1.44 猫眼结构 cat's eye structure

猫眼结构是一种基于逆向反射原理的光学系统，由透镜和平面反射镜组成。其基本原理是，通过透镜将入射光聚焦到平面位置的反射镜上，反射后经透镜重新准直输出，形成逆向反射光路，实现高效回波信号生成。猫眼结构具有高反射率、低发散角、抗干扰性强等特点，且对入射光的角度不敏感。例如，在干涉片外腔半导体激光器中（如图37所示），激光二极管或外腔存在微小偏移，反射光仍能高效耦合回激光腔，显著提升了外腔激光器的环境适应性。目前，基于猫眼结构实现的干涉片外腔半导体激光器已成为原子钟、高分辨率光谱和冷原子实验等前沿研究领域的核心光源，助力量子精密测量技术的推广应用。

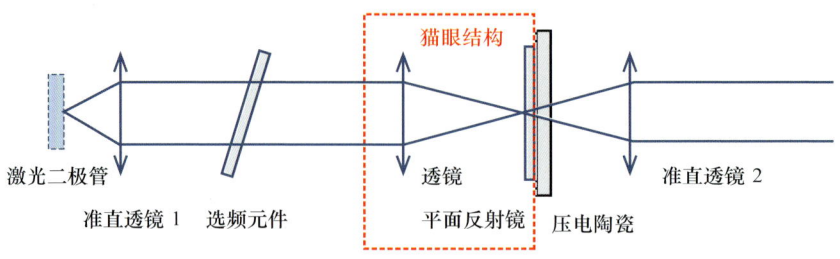

图 37　基于猫眼结构的干涉片外腔半导体激光器原理图

1.45　量子频标　quantum frequency standard

量子频标（即量子频率标准或原子钟）是利用量子物理学与电子学实现的一种高准确度时间频率测量仪器。量子频标以微观粒子的量子跃迁作为时间频率标准，基于量子全同性原理相同微观量子态的跃迁具有完全相同、稳定不变的周期，能够提供可靠的时间基准。量子频标的发展使得时间频率相比于其他物理量具有最高的计量准确度和稳定度。

量子频标通常分为微波频标和光频标两类：微波频标以原子、离子、分子的微波跃迁频率作为量子参考，如氢原子或铯原子的能级跃迁；光频标则利用原子、离子、分子，甚至原子核的同质异能态之间的光学跃迁频率作为量子参考，具有更高频率，这使得其比微波频标具有更高的频率准确度和稳定度，其原理示意图如图 38 所示。不同钟的实物图如图 39 所示。量子频标的高精度特性使其广泛应用于科学研究、时频标准建立、卫星导航系统、通信系统等领域。国际原子时和协调世界时的建立依赖于量子频标的精确测量。随着量子技术的不断进步，量子频标正在推动时间频率测量领域的持续突破，带来更精准的测量和更广泛的应用前景。

1 基础术语

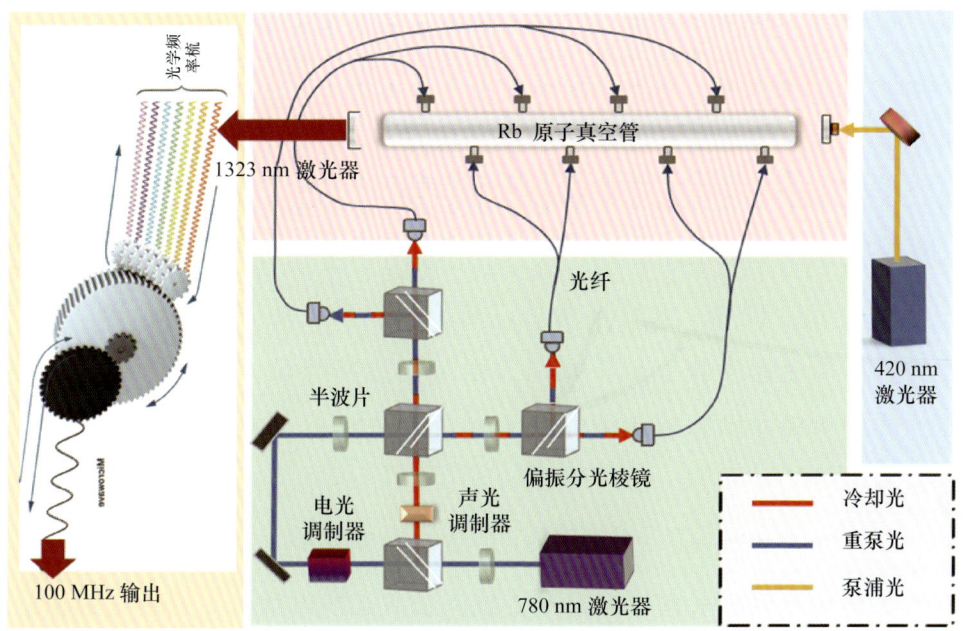

图 38 光频标原理示意图

图 39 氢钟、铯钟、铷钟、CPT 原子钟实物图

1.46 时频传递 time-frequency transfer

时频传递是将时间或频率通过有线或无线的方法传送到异地的过程，一般用于时频比对和时间同步。这种技术在现代通信、导航、科学实验和许多其他领域中至关重要，因为它确保了不同设备或系统之间的时间和频率的一致性。时频传递通常依赖于高准确度的原子钟和精密的信号传输技

术。常见的时频传递方法如下：

（1）卫星传递。通过全球定位系统（GPS）或卫星导航系统（如北斗卫星导航系统），可以在全球范围内传递高准确度的时间和频率信号。这些系统使用原子钟来保持时间信号的稳定性，并通过卫星信号将这些信号传递到地面接收器。

（2）光纤传递。光纤网络可以用于长距离传递时间和频率信号，其优点是传递速度快、抗干扰能力强。通过特殊设计的光纤线路和设备，可以实现亚纳秒级的时间同步精度。光纤对频传递方案示意图如图40所示。

（3）无线电传递。使用无线电波进行时间和频率信号的传递，例如罗兰-C定位系统、长河二号导航系统和长波无线电信号。这种方法在某些地区和应用中仍然有效，尽管其准确度通常低于卫星传递或光纤传递。

（4）自由空间激光时频传递。自由空间激光时频传递是新兴高精度传递技术，通过大气或真空环境中的激光链路传递时频信号。激光具有高频带宽与抗电磁干扰特性，结合相干探测与自适应光学技术补偿大气湍流扰动，可实现亚皮秒级时间同步与 10^{-19} 量级频率稳定度。该技术适用于星间链路（如低轨卫星星座）、深空探测等场景，是未来空间高精度时频组网的核心方向。

时频传递的应用非常广泛，在北斗卫星导航系统、GPS等，需要精确的时间同步来计算位置和速度；在基站和网络设备之间，需要确保它们的时间同步，以支持数据同步和网络管理；在金融交易中，精确的时间戳对于确保交易的顺序和合法性至关重要；在粒子物理、天文学和地球物理学等领域，精确的时间同步对于实验数据的准确度和可重复性至关重要。

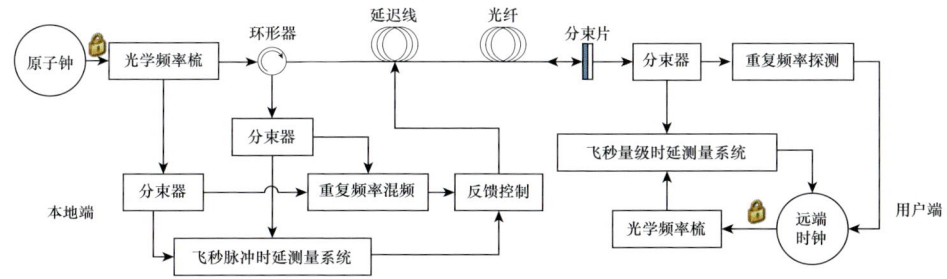

图 40 光纤时频传递方案示意图

1.47 基于冷原子操控的测量 measurement based on cold atom manipulation

基于冷原子操控的测量是利用光子与原子之间的相互作用,如激光冷却,降低原子的运动速度,使原子达到超低温状态,减少原子之间的碰撞,经过选速与选态,增强原子之间的相干性,操纵原子实现能级、自旋状态等量子态的变化,提取并精确测量相关的物理量(例如,频率、磁场、角速度、加速度、真空度等)信息,实现物理量量值直接溯源至物理常数。图 41 展示了不同类型的冷原子钟。

 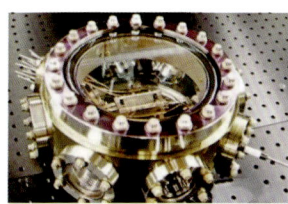 

图 41 不同类型的冷原子钟

1.48 基于热原子量子效应的测量 measurement based on hot atom quantum effect

基于热原子量子效应的测量是在密闭部件中产生高粒子数密度的原子团或原子束，利用热原子体系原子数目多、信噪比高的特点，操控原子系综整体的量子态，通过原子跃迁共振、原子磁共振旋磁比、电场 AT 效应等物理现象，实现对物理量（例如，时间频率、磁场、电场等）的高灵敏度、高稳定度测量，实现物理量量值直接溯源至物理常数。基于热原子量子效应的测量应用如图 42 所示。

(a) 铷金属与氮气混合原子气室（450 K）　　　　(b) 钙原子束管实物图

图 42　基于热原子量子效应的测量应用

1.49 基于囚禁离子的测量 measurement based on trapped-ion

基于囚禁离子的测量是指加热原子炉产生少量原子，电子轰击或者光离化这些原子产生离子，利用射频交流电压或特定构型的静电、磁场形成的势阱实现离子囚禁。利用激光与离子的相互作用，实现离子的冷却和量子态的精密测量，获得高准确度、高稳定度的物理量（例如，频率）输出，实现物理量量值直接溯源至物理常数。基于囚禁离子的测量示意图如图 43 所示。囚禁离子具有相干时间长的优点，在计量学以及基础物理等研究领域有着重要应用。

1.50 基于光量子体系的测量 measurement based on photon system

基于光量子体系的测量是将纠缠光子对、压缩态光、单光子源等量子光源作为探针，利用光子进入待测系统后数量、相位、频率、偏振、自旋等物理量的变化，通过量子增强探测效应，高准确度、高灵敏地反演宏观体系中的物理量（例如，光辐射强度、气体浓度、温度、流场、力值等），实现物理量量值直接溯源至物理常数。基于光量子体系的测量示意图如图 44 所示。

(a) 离子阱实物图　　　　(b) 冷却离子云

图 43　基于囚禁离子的测量示意图

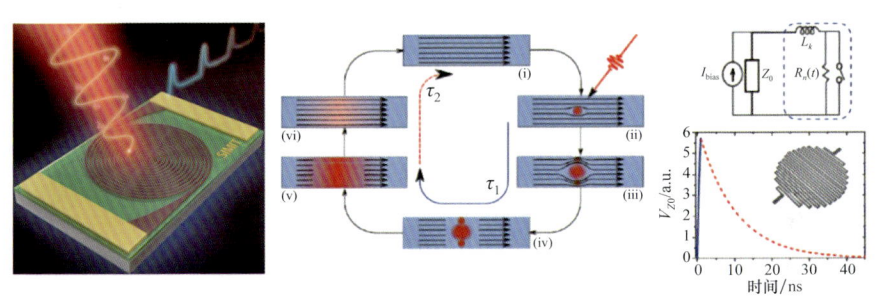

图 44　基于光量子体系的测量示意图

1.51　基于电子输运的测量　measurement based on electron transport

基于电子输运的测量是指通过电子对、边缘电子和单电子的输运，形成量子阶梯电压、量子平台电阻和量子电流，通过操控温度、微波辐照频率、励磁电流、库仑（Coulomb）岛栅压，使相应量子器件进入特殊的电子输运状态，其阶梯电压、平台电阻和遂穿电流的量值由普朗克常数和电子电荷数量表达，实现了电压、电阻、电流的单位由基本物理常数定义，使得相关电学量值的测量具有极高的准确度，电子对和边缘电子输运图如图 45 所示。

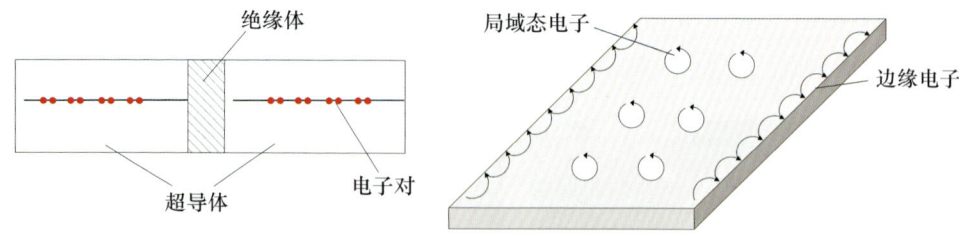

图 45　电子对和边缘电子输运图

1.52　基于固态量子体系的测量　measurement based on solid state quantum system

基于固态量子体系的测量是通过调控固态体系中的量子态（例如，色心、掺杂心等），使其电子简并态能级发生塞曼分裂，产生多重简并态且能级间距变小，在施加激光、特定频率微波场或外磁场时，量子态超精细能级退简并导致色心荧光强度或振荡频率发生变化，提取并精确测量相关物理量（例如，光强、磁感应强度、温度、电流等）信息，基于固态量子体系的测量示意图如图 46 所示。

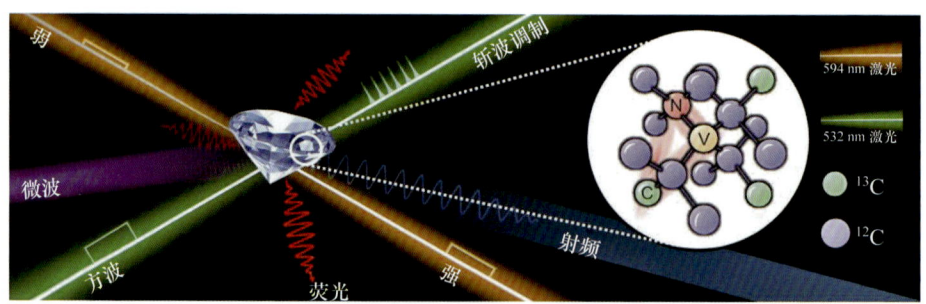

图 46　基于固态量子体系的测量示意图

2 量子精密测量通用器件

2.1 原子气室 atomic vapor cell

原子气室是使用高密封性封装工艺形成的用于储存与光相互作用的原子腔室。根据原子气室的外壳材料,可以分为玻璃基气室、单晶材料气室(如蓝宝石气室)、异质复合材料气室(如玻璃-金属异质结构),如图47(a)所示。通常,玻璃基气室采用玻璃吹制或者玻璃精密熔接等技术手段来实现。根据加工工艺划分,原子气室可分为传统机械加工气室、微机电系统(micro-electomechanical system,MEMS)气室、光刻键合气室等,如图47(b)所示。现阶段,玻璃气室制造技术成熟度已经很高,但是难以实现大规模生产。MEMS气室为玻璃、硅、玻璃三层结构,采用MEMS超精细加工工艺来制造,具有准确度高、微型化、成本低、可批量生产等特点,并且制作工艺采用微电子平台,便于和传感器相应的控制系统集成。原子气室广泛应用于原子钟、原子磁强计、原子陀螺仪等基于量子原理的传感器与测量仪器。

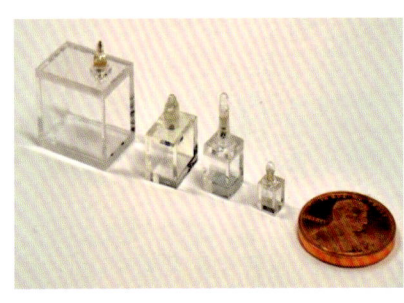 

(a) 玻璃基气室　　　　　　　　(b) MEMS 气室

图 47　原子气室

2.2 微机电系统原子气室 MEMS atomic vapor cell

微机电系统（MEMS）原子气室是一种利用微加工技术制造的微型原子气室，用于精确控制和操作原子气体。MEMS 原子气室通常由硅基底上的微加工技术构造而成，可以包含碱金属原子（如铯、铷）的气态原子。MEMS 原子气室及工艺流程示意图如图 48 所示。MEMS 原子气室具有极小的体积，使得测量设备整体更加紧凑和可移动。原子气室内部通常被真空密封，有时还会添加缓冲气体以防止原子与容器壁碰撞导致的能态变化。

MEMS 原子气室的关键优势在于其微型化能力，可以很方便地被整合到便携式设备中，如便携式计时设备、导航仪器和便携式量子传感器等，同时保持高准确度和高稳定性。此外，MEMS 原子气室还便于大批量生产，从而降低成本并提高制造效率。MEMS 原子气室的主要应用领域包括芯片原子钟、量子传感器等。

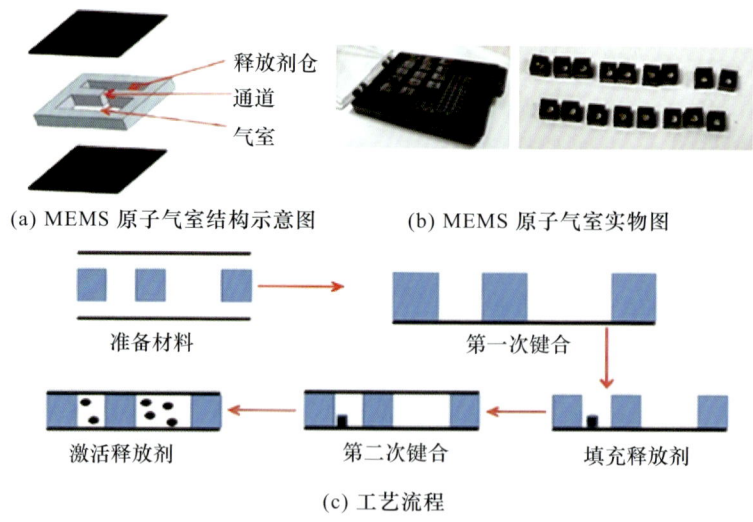

图 48　MEMS 原子气室及工艺流程示意图

2.3 原子束管 atomic beam tube

原子束管是一种专门用来产生和操控高度定向的原子流的装置，这些原子流在真空管中传输，避免氧化，降低碰撞。原子束管设计图如图 49 所示。原子束管在原子物理研究和量子精密测量中有着广泛的应用，如原子钟和原子干涉仪等。

在原子束管的工作过程中，原子或分子从源室被释放，然后通过准直器确保原子流具有极低的空间发散角，从而提高了实验的空间分辨率和测量的准确度。在通过管道时，原子束经过磁场和电场装置的调控，用于实现能级选择、束流偏转和冷却等操作。原子束最终到达探测区，通过特殊的探测器（如荧光探测器或电离探测器）来测量原子的状态，可以提供关于原子物理性质的重要信息。原子束管实物图如图 50 所示，封装后的铯钟原子束管实物图如图 51 所示。原子束管的主要应用包括制造微波原子钟、光频标、原子干涉仪等。

图 49　原子束管设计图

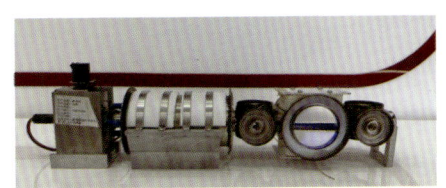

图 50　原子束管实物图

图 51　铯钟原子束管实物图

2.4 积分球 integrating sphere

积分球是中空球体内表面的漫反射率极高的球腔，其内表面是朗伯反射体，常用作一种光度测量仪器，用于激光功率、能量和材料反射率的测量。激光射入积分球后，会在积分球内形成一个均匀的各向同性的漫反射光场，当激光频率为负失谐时，积分球内特定速度的热原子与某一特定角度（与原子速度方向的夹角）的光线相互作用以补偿原子的多普勒频移，光子与原子动量交换使得原子运动速度降低，减速后的原子继而与角度更小的光线相互作用，通过多普勒频移的自动补偿，从而使球腔内的原子持续经受减速和冷却的作用，称为积分球漫反射激光冷却，可应用于原子钟、磁强计等。积分球内原子冷却与探测过程示意图如图52所示。

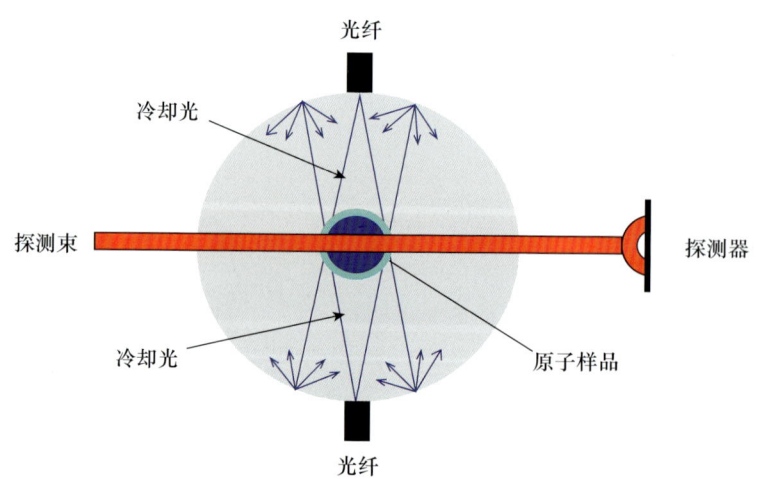

图 52 积分球内原子冷却与探测过程示意图

2.5 光学微腔 optical microcavity

光学微腔是能够将光子束缚在微小空间内，具有很小的腔模式体积和高品质因数的腔体结构。根据对光子的束缚方式，可以分为法布里-珀罗微腔、光子晶体微腔和回音壁模式微腔。其中，法布里-珀罗微腔利用一对高反射镜束缚光子，对系统稳定性和精确度要求很高；光子晶体微腔通过周期性微纳结构形成光子禁带，实现光子束缚，对微纳加工技术要求严格；回音壁模式微腔利用腔壁的高反射实现光子束缚，具有高耦合效率、高品质因数、极易触发非线性效应等特点，是目前研究最多的一种微腔，其实物图如图53所示。

光学微腔广泛应用于激光器、传感器和非线性光学等领域，如利用 Si_3N_4 微环腔实现窄线宽激光及稳频、光学频率梳，利用 SiO_2 微球腔实现单分子和蛋白质等各种生物组织的探测和传感等。

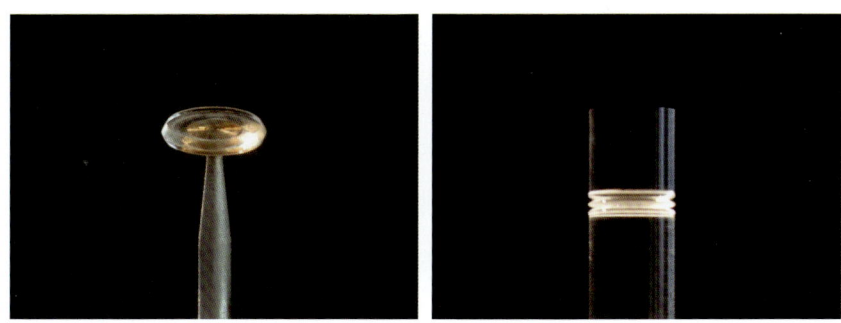

图53　回音壁模式微腔芯片实物图

2.6　高精细度共振法布里-珀罗腔　high-finesse resonant Fabry-Perot cavity

1897年，由法国物理学家查尔斯·法布里（Charles Fabry）和艾尔弗雷德·珀罗（Alfred Pérot）共同发明了法布里-珀罗（Fabry-Pérot，FP）腔（也可称为法布里-珀罗干涉仪、法布里-珀罗标准具）。该设备采用多光束干涉原理，由两块间隔固定、具有一定反射率的反射镜组成。当入射光的频率满足腔共振条件时，入射光经过法布里-珀罗腔的透射谱将出现透射共振峰，反射率越高，腔精细度越高，对应的透射共振峰越锐利，腔的耗散率越低。此特性对应的表达式为：

$$\Delta v = c/2nFL_{cav}$$

其中，Δv 为经过谐振腔的光谱线宽，c 为光速，n 为腔内介质折射率，F 为腔精细度，L_{cav} 为腔长。

通过控制法布里-珀罗腔的典型参数，例如腔长、反射率、与入射光之间的频率失谐等，法布里-珀罗腔在多种场景中可实现不同的应用。法布里-珀罗腔的共振增强特性被广泛应用于通信、激光物理和光谱学领域，可用于精确测量以及控制光的频率和波长。尤其是在量子精密测量领域，目前的工艺已经能够制造出非常精密、非常微小、可调谐等各种各样的法布里-珀罗腔，高精细度共振的法布里-珀罗腔具有广泛的应用价值，例如激光频率稳定（高精度光晶格钟和离子光钟里的超窄线宽本振光源）、引力波探测（激光干涉引力波天文台于2015年首次探测到了黑洞并合过程的引力波信号）、原子-腔耦合、激光器、腔量子电动力学、激光测距、窄带滤波等。高精细度共振法布里-珀罗腔实物及其安装的真空系统如图54所示。

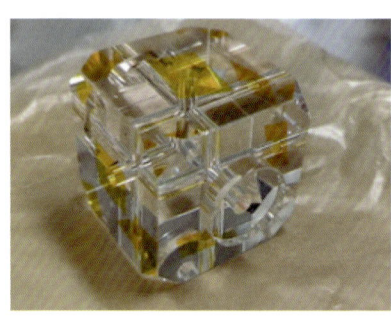

(a) 实物　　　　　　　　(b) 真空系统

图54　高精细度共振法布里-珀罗腔实物及其安装的真空系统

2.7　低精细度反共振法布里-珀罗腔　low-finesse anti-resonance Fabry-Perot cavity

法布里-珀罗腔自1897年发明至今，其在腔量子电动力学、激光物理、量子精密测量领域发挥着非常重要的应用价值。无论是何种应用场景，科学家们对于法布里-珀罗腔的研究几乎全部集中于高精细度、极致共振的工作条件，关于低精细度（腔镜反射率接近于零）、反共振（腔频率位于两个相邻共振腔模正中心）法布里-珀罗腔的理论分析很少。低精细度反共振法布里-珀罗腔具有降低腔长热噪声、抑制腔牵引效应的特点，可用于实现输出频率取决于量子跃迁的新型反共振激光。

在《频标：基础与应用》（*Frequency Standards: Basics and Applications*）、《激光》（*Lasers*）等经典教科书中，法布里-珀罗腔的腔精细度和腔模线宽的近似表达式，在腔镜反射率低于一定值时，已经不能准确描述，并且在低反射率处会出现奇点问题。法布里-珀罗腔的腔精细度和半高全宽（full width at half maximum，FWHM）的精确表达式，解决了在超低腔镜反射率情况下出现的奇点问题。普适的腔增强因子修正了低精细度、反共振法布里-珀罗腔条件下的激光速率方程，并以此实现基于较强原子跃迁的低精细度主动光钟，以及反共振激光，此激光与目前主流的激光器实现方案不同，可填补量子精密测量、激光物理在低精细度反共振法布里-珀罗腔应用方面的空白。低精细度反共振法布里-珀罗腔的工作原理如图55所示。

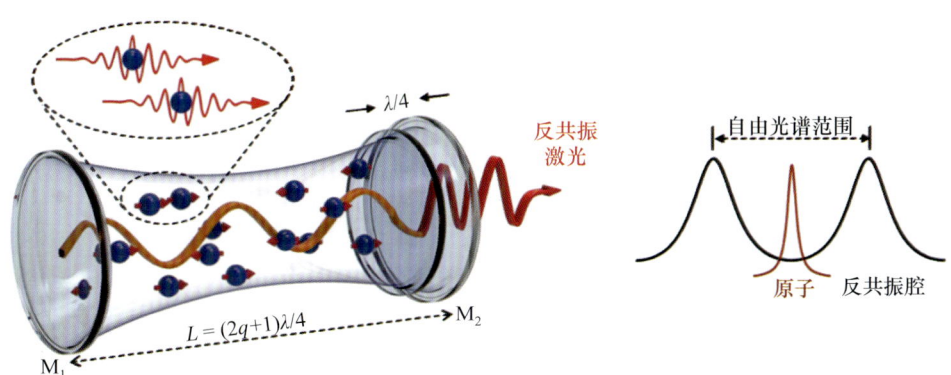

图55　低精细度反共振法布里-珀罗腔的工作原理

2.8 光学频率梳 optical frequency comb

光学频率梳是一种光学仪器，能够产生精确间隔和高度一致的梳齿状分布频率点，形成一种类似梳子的频谱，每个频率点被称为一个"梳齿"，如图56所示。由美国科学家约翰·霍尔（John Hall）和德国科学家特奥多尔·汉斯（Theodor Hänsch）发展和实现，他们并获得了2005年诺贝尔物理学奖。光学频率梳基于超短脉冲激光或连续波激光通过非线性介质，利用光学腔的模式锁定技术来生成。光学频率梳的主要特点是它的梳齿状频率点非常稳定和均匀，频率的表达式为：

$$f_n = f_{ceo} + n \times f_{rep}$$

其中，f_{ceo} 为载波频率偏移，n 为整数，f_{rep} 为重复率。

由于光学频率梳具有高准确度和高稳定性，在量子精密测量领域中扮演着重要角色，光学频率梳的主要应用包括光频原子钟、光谱学、距离测量、天文观测等。

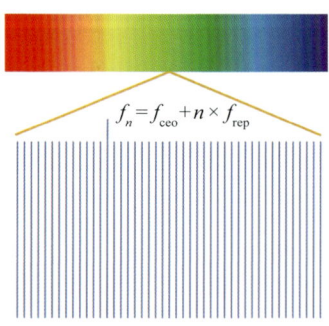

图56 光学频率梳产生的频谱示意图

2.9 光镊 optical tweezers

光镊是基于光-物质动量传递的光阱技术，其系统含照明光路（采集成像信号）与控制光路（实现微纳米粒子捕获与操控）。其原理为聚焦激光形成三维梯度力势阱，当梯度力足以平衡粒子热运动及散射力时，粒子被稳定束缚于势阱中心,可实现对微纳米粒子的操控、旋转及力学特性测量,在生物、物理、材料等领域意义重大。光镊可捕获和操控细胞、细菌、原子、分子、纳米材料、气溶胶等微观粒子,还能精确测量生物大分子间及配体-受体等单分子作用力,分辨率达飞牛(10^{-15} N)量级,为当前最精确的测力工具之一。光镊具有无接触、无损、作用力可控且在势阱范围内稳定的特点,适用于液体中单个活细胞的捕获操控(不损伤活性)及气体中单个气溶胶粒子的长时间悬浮与动态观测。

光镊作为重要的激光物理与显微操作技术、测力工具,其发明者阿瑟·阿什金(Arthur Ashkin)获2018年诺贝尔物理学奖。光镊按功能可分为简单光镊(捕获操控)与光镊工作站(全自动定量测力),按光阱数目可分为单光镊、双光镊、全息多光镊,适用于不同场景。光镊技术方案如图57所示。光镊可与荧光、光刀、拉曼光谱等联用:"光镊+荧光"探测生物大分子动态过程;"光镊+光刀"构成细胞手术工作站(如细胞融合、靶向微注射等);"光镊+拉曼光谱"实现无标记无损细胞识别分选及耐药性检测,为肿瘤靶向治疗、合成生物学、稀有细胞分选及"液体活检"的理想工具,在生物医药、纳米科技、环境等领域应用前景广阔。

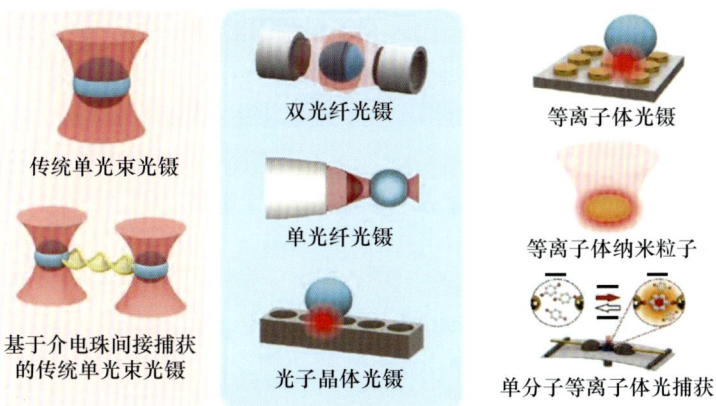

图57 光镊技术方案

2.10 单光子探测器 single-photon detector

单光子探测器包括雪崩光电二极管单光子探测器、超导纳米线单光子探测器、量子点单光子探测器等。雪崩光电二极管单光子探测器利用工作在盖革模式下的 Si-雪崩光电二极管或 InGaAs/InP 雪崩光电二极管进行单光子探测。雪崩光电二极管单光子探测器主要基于光电效应进行探测，通过光量子作用于探测器件后，原子或者分子的电子状态随之发生改变，通过对电子状态变化的测量，实现对光子的测量。单光子探测器原理如图 58 所示。基于 Si-雪崩光电二极管的单光子探测器适用于可见光波段的探测，InGaAs/InP 雪崩光电二极管更适合近红外波段的探测。

单光子探测器可以对单个光子进行计数，实现对极微弱目标信号的探测，突破了传统探测技术只针对振幅进行采样的局限，同时对光波或者光子的偏振、波矢、相位等特性进行探测，具有可保持探测信号完整性、理论量子效率高、工作电压低、探测灵敏度高等优点。

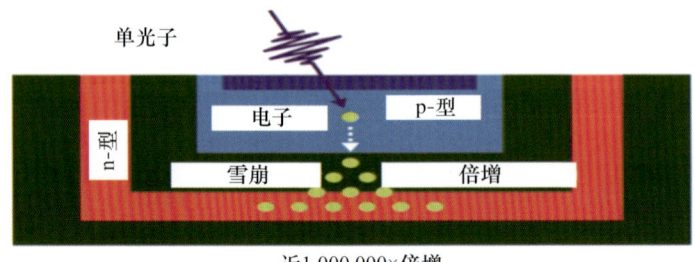

图 58 单光子探测器原理示意图

2.11 光生微波频率源 photonic microwave generation

光生微波频率源是一种利用激光分频至微波频段的频率源，通常包含超稳窄线宽单频激光、光学频率梳和低噪声光电转换模块。光生微波频率源原理如图 59 所示。超稳窄线宽单频激光作为光学频率参考源，通过将激光锁定至一个稳定的光学频率参考，如光学谐振腔或原子光学谱线，达到提高激光频率稳定度、压窄激光线宽的目的。光学频率梳作为光学分频器，用于光学频率与微波频率的关联。根据相位噪声理论，分频过程可以将相位噪声抑制到分频系数的平方倍。光生微波频率源具有超低相位噪声、超高频率稳定度等技术优势，被广泛应用于高准确度守时、高灵敏度雷达探测、高速通信等领域。

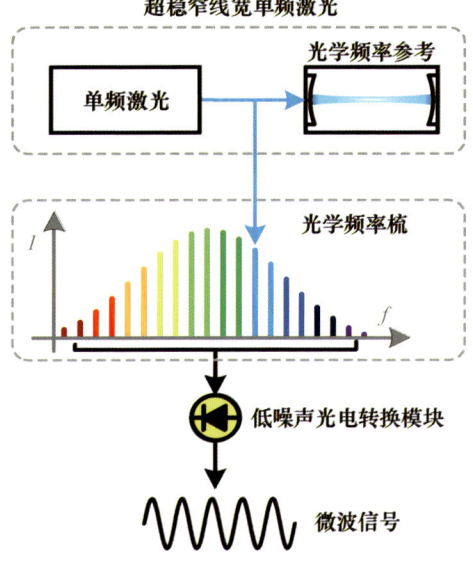

图 59 光生微波频率源原理示意图

2.12 晶体振荡器 crystal oscillator

晶体振荡器（简称晶振）是一种使用机电振荡的电子振荡器，其主要性能参数包括频率稳定性、频率不确定性和温度稳定性。晶振是现代电子设备中不可或缺的组件，广泛应用于微处理器、无线通信设备和精密仪器中，在军事领域主要应用于通信、导航、雷达、制导、敌我识别、空间追踪等。

石英晶体（quartz crystal）因其高稳定性、高准确度和低成本而成为晶振中最常用的材料。晶振主要利用石英晶体的压电效应来产生频率精确的振荡信号。压电效应最早是在 1880 年由法国的物理学家居里兄弟（P. 居里和 J. 居里）在研究石英晶体的物理性质时发现的。当在石英晶体上施加压力时，其表面间产生电压，同时也产生一个很小的电流，称为压电效应。相反，当电压施加在石英晶体表面时，石英晶体产生机械变形，称为逆压电效应。

石英谐振器就是利用石英晶体的逆压电效应，当作用于石英晶体的电信号频率等于石英晶体的固有频率时，电能通过石英晶体的逆压电效应在石英晶体中引起机械谐振产生机械能，在输出端，压电效应又将这种机械能转换为电信号。当电压施加到石英晶体上时，石英晶体会产生机械形变并生成电场；反之，电场也能使石英晶体形变。这种特性使得石英晶体能够作为频率稳定的反馈元件，在电子电路中产生高稳定度的振荡信号。

石英谐振器的振动模式主要有弯曲振动（XY 切和 NT 切）、伸缩振动（+5°X 切）、面剪切振动（DT 切、CT 切和 SL 切），以及厚度剪切振动（BT 切、AT 切和 SC 切），如图 60 所示。目前应用最广的是 AT 切厚度剪切振动，其输出频率为 500 kHz～200 MHz，并且具有良好的频率温度特性。SC 切石英谐振器较 AT 切石英谐振器具有开机特性好，老化小、应力效应小、幅频效应小、频率温度系数小，高温范围的频率温度特性和电阻温度特性好等优点。AT 切石英谐振器常用的振动模式有基频厚度剪切、3 次泛音厚度剪切、5 次泛音厚度剪切、7 次泛音厚度剪切、9 次泛音厚度剪切等。图 61 为高稳晶谐振器实物图。

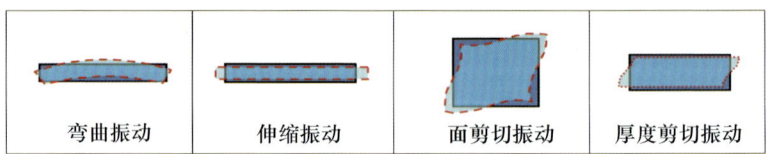

图 60　石英谐振器的振动模式

图 61　高稳晶谐振器实物图

2.13 晶体滤波器 crystal filter

滤波器是现代电子设备中的关键器件。图 62 为滤波器的衰减特性示意图。晶体滤波器的品质因数高、温度稳定性好，在频率选择系统中具有特殊地位。晶体滤波器自 1927 年问世以来得到迅速发展，设计方法上先后出现了影像参数法和网络综合法，电路结构上分为分立元件式和单片集成式。

石英谐振器是分立元件式晶体滤波器最重要的组成部分；单片晶体滤波器是单片集成式晶体滤波器最重要的组成部分，也是影响晶体滤波器中心频率和频率温度稳定性的最主要元件，分别搭配了电容和电感等元件，形成滤波电路。根据滤波器的频率选择范围，可以分为低通、高通、带通、带阻和全通滤波器。图 63 展示了不同外形尺寸的晶体滤波器。

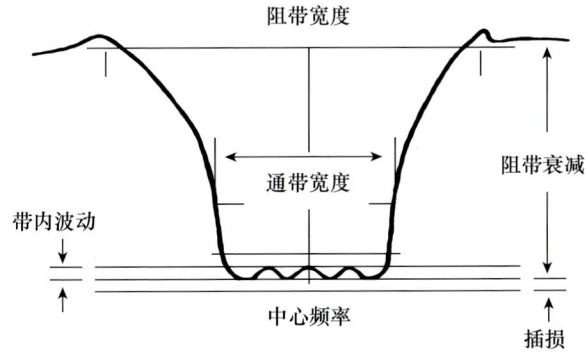

图 62 滤波器的衰减特性示意图

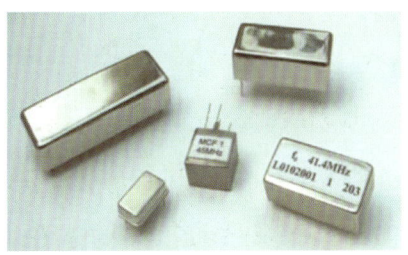

图 63 不同外形尺寸的晶体滤波器

2.14 原子滤光器 atomic line filter

原子滤光器是一种基于量子跃迁的原子窄带滤光器件，其核心是原子介质，例如铷、铯。原子滤光器工作时，入射光与原子相互作用，仅在原子共振频率附近非常窄的频谱范围内的入射光才能通过，其原理图如图64（a）所示。原子滤光器通常由起偏器、原子介质、检偏器和外加磁场组成。在磁场的作用下，原子能级会消除简并，发生塞曼分裂，使得入射激光两个圆偏振光分量的共振跃迁频率不再相等，左旋圆偏振光分量和右旋圆偏振光分量具有不同的折射率，而折射率不同，又会使得两者在与原子发生相互作用时传播的相位速度不同。这样，在经过原子气室后，两个圆偏振光分量就发生了相对的相位移动，进而导致最终叠加而成的线偏振面发生一定的旋转，形成窄带透射，而远离共振频段的带外光则由于线偏振面没有发生旋转，被正交的起偏器和检偏器阻断。根据原子滤光器的工作原理，可将原子滤光器分为法拉第反常色散原子滤光器（Faraday anomalous dispersive optical filter，FADOF）、佛克脱反常色散原子滤光器（Voigt anomalous dispersive optical filter，VADOF）和感生二向色性原子滤光器（induced-dichroism-excited atomic line filter，IDEALF）。原子滤光器的实物图如图64（b）所示。原子滤光器主要应用于超窄带滤光、稳频激光器、光谱学、天文观测、空间光通信等领域。

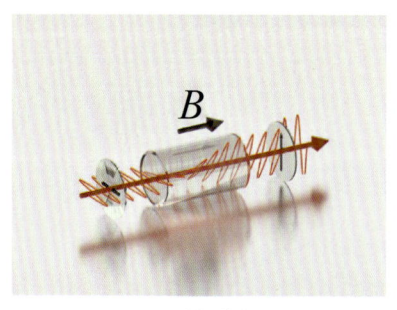

(a) 原理图   (b) 实物图

图64 原子滤光器

2.15 空心阴极灯 hollow-cathode lamp

空心阴极灯是一种用于原子吸收光谱（atomic absorption spectroscopy，AAS）分析的光源，可以提供与待测元素匹配的特征光谱线。它的核心部件是一个空心的圆柱形金属阴极，阴极材料通常由待测元素或其合金制成，周围包裹着阳极并填充有惰性气体（通常是氩气或氖气），如图65所示。在电流的作用下，填充在灯内的惰性气体被电离，并形成等离子体。等离子体中的高能电子不断撞击阴极表面，使阴极材料的原子从表面溅射到空心区域中。这些溅射出来的原子经过电子碰撞后被激发到高能态，随后在返回基态的过程中发射出具有元素特征的离散光谱线，其波长严格对应于阴极材料的原子跃迁。空心阴极灯被广泛应用于环境监测、金属分析、食品安全、医药等领域中的元素定量检测，另外也可应用于原子滤光器、原子稳频激光等。

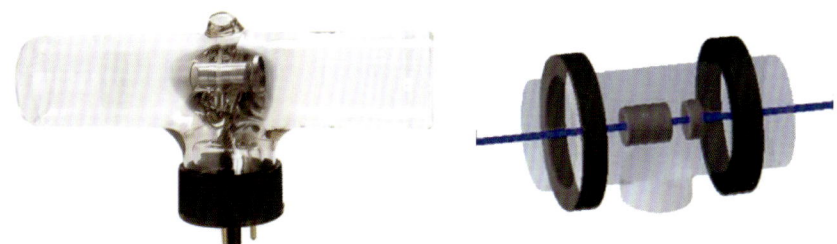

图65　空心阴极灯

2.16 窄线宽外腔半导体激光器 external-cavity diode laser

窄线宽外腔半导体激光器是一种利用外部光学反馈机制来实现高稳定、窄线宽激光输出的半导体激光器。在该仪器中，外腔结构通过精确设计的光学元件（如衍射光栅、干涉滤光片、原子滤光器等）对特定波长的光进行选择性反馈，从而增强激光器在该波长处的增益，抑制其他模式，实现单模输出和极窄的谱线宽度。这种激光器的外腔结构能够有效降低激光的相位噪声和频率抖动，使得输出的激光具有极高的频谱纯度和频率稳定性。通过微光路集成技术，可以将传统的外腔光学系统微型化，使得激光器的外腔结构被集成在小型芯片或模块中，形成所谓的"拇指激光器"，大大缩小了激光器的体积和功耗，如图66所示。这种小型化激光器在空间受限的应用中展现了极大的优势，例如便携式高精度传感器和紧凑型光通信设备。

图66 拇指激光器实物图

窄线宽外腔半导体激光器在量子精密测量、高分辨率光谱学、光通信等领域应用广泛。例如，在量子精密测量中，它能够提供稳定的窄线宽激光源，支持超高准确度的原子钟、原子重力仪和原子干涉仪的运行。

2.17 原子稳频激光器 atom frequency-stabilized laser

原子稳频激光器是一种利用原子或分子内在的量子跃迁频率来实现高稳定度频率输出的激光器。其核心工作原理是将激光器的输出频率与原子或分子内在的量子跃迁频率进行精确锁定，使激光频率长期保持在一个极其稳定的值。为了实现这一锁定过程，激光器通常通过原子吸收或共振信号进行反馈控制。在操作中，通过检测激光与参考原子跃迁之间的频率偏差，激光器的温度、电流或其他电子控制参数会被自动调整，确保输出的频率始终保持在最优位置，这种闭环反馈机制使得激光器在频率波动和外部噪声干扰下依然能保持高准确度和高稳定度。原子稳频激光器实物图如图67所示。原子稳频激光器主要应用于原子钟、原子重力仪、原子磁强计、激光干涉仪等量子精密测量领域，以及光谱学和基础物理研究。

2 量子精密测量通用器件

图 67　原子稳频激光器实物图

2.18　量子级联激光器　quantum cascade laser

量子级联激光器是利用多层半导体形成的周期性量子阱超晶格结构调节能带，使其子能带之间的电子跃迁发光的激光器。量子级联激光器能带结构及量子阱超晶格示意图如图 68 所示。按照其谐振腔种类可以分为法布里-珀罗量子级联激光器、分布式反馈量子级联激光器和外腔量子级联激光器。法布里-珀罗量子级联激光器能够产生高功率，但在较大工作电流下通常是多模式；分布式反馈量子级联激光器类似于法布里-珀罗量子级联激光器，在波导顶部构建分散式布拉格反射器以防止其以不同于所需波长的方式发射，激光器工作在单模状态；外腔量子级联激光器，光学微腔在量子级联器件（芯片）外部配置，可以在外腔中包括频率选择器件，将激光发射控制在单模状态，甚至可以调谐辐射波长。量子级联激光器发射的波长覆盖中红外频段和远红外频段，在中红外光谱检测、太赫兹无损检测、光抽运-光检测等领域具有广阔应用前景。

2.19　法拉第激光器　Faraday laser

法拉第激光器是一种基于碱金属原子磁致旋光效应进行选频的窄线宽外腔半导体激光器。在结构上由镀增透膜的激光二极管、法拉第反常色散原子滤光器和反馈腔镜组成，如图 69 所示。其中，法拉第反常色散原子滤光器用于特定原子跃迁频率选择。与传统采用光栅、干涉滤光片、法布里-珀罗标准具等宏观器件选频的半导体激光器相比，法拉第激光器由于采用法拉第反常色散原子滤光器进行选频，激光频率被限定在法拉第反常色散原子滤光器透射带宽内，自动对应原子跃迁频率，不易受激光二极管温度、电流波动和机械振动的干扰，具有输出频率自动对应量子跃迁能级、鲁棒性强、即开即用、长期稳定运行的特点。法拉第激光器可用于原子物理相关实验，例如，原子钟、原子重力仪、原子干涉仪、原子磁强计等量子精密测量领域，以及光通信和激光雷达等通信领域。

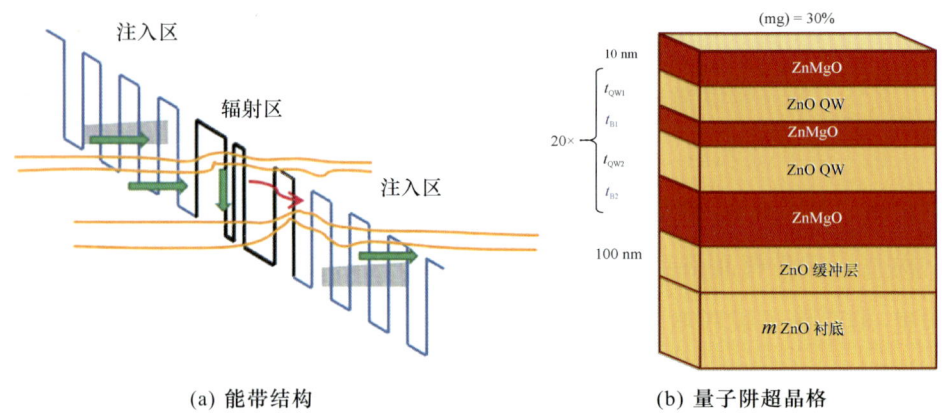

(a) 能带结构　　　　　　　　(b) 量子阱超晶格

图 68　量子级联激光器能带结构及量子阱超晶格示意图

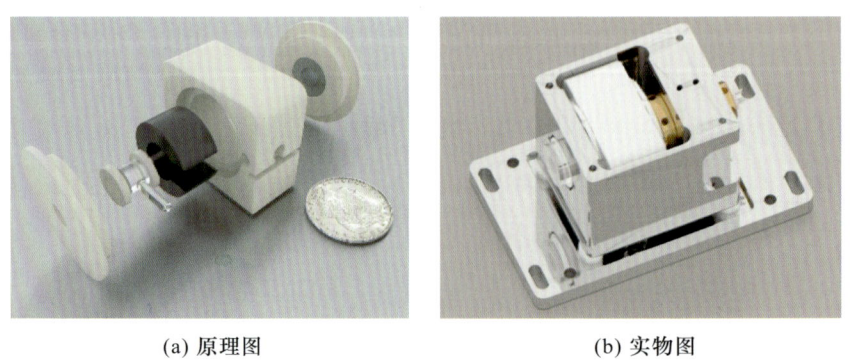

(a) 原理图　　　　　　　　(b) 实物图

图 69　法拉第激光器

2.20　金刚石氮-空位色心　nitrogen-vacancy centers in diamond

金刚石氮-空位色心是金刚石中的一类发光点缺陷，由晶格中取代碳原子的一个氮原子和相邻格点上的一个空位构成，简称金刚石 NV 色心。金刚石 NV 色心结构和能级结构如图 70 所示。金刚石 NV 色心具有空间尺寸分辨率高、灵敏度高等优点，也可作为纳米传感器，用于狭小空间内磁场、电场、温度等物理量的精密测量。外加磁场能够改变金刚石 NV 色心中电子自旋的能级结构，进而影响其荧光强度，从而实现磁场精确探测。此外碳化硅、氮化硼等固体体系中的发光点缺陷也具备类似的性质和功能。这类固体体系可被用于矢量磁场正交度、射频磁场、温度等工程参数量值传递方法的研究和传递标准的研制。

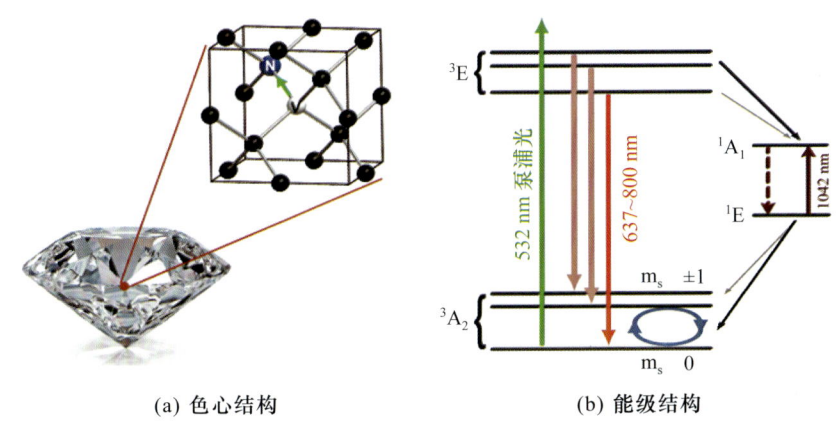

(a) 色心结构　　(b) 能级结构

图 70　金刚石 NV 色心结构和能级结构

2.21　约瑟夫森结　Josephson junction

约瑟夫森结是一种基于约瑟夫森效应的超导器件，它由两个超导体之间通过弱连接结构形成，超导电子对能够穿透弱连接区域，形成无耗散的超导电流。约瑟夫森结的主要类型包括隧道结、微桥结等，其中隧道结由超导体-绝缘层-超导体组成，如 Nb-AlO$_x$-Nb，可通过串联形成结阵，用于建立约瑟夫森阵列电压标准；微桥结是将超导材料加工成纳米级窄桥，利用几何限制形成弱连接，常用的超导材料 Nb、Pb 工作在液氦温区（温度为 4.2 K），铜氧化物等高温超导材料可在液氮温区（温度为 77 K）工作，但由于相干长度较短增加了制备难度。

约瑟夫森结具有宏观尺度相位相干、非线性响应、高频率、高磁场灵敏度等特点，在量子电压标准、量子计算、微弱磁场检测、单光子检测、太赫兹检测等方面具有广泛应用。

2.22 量子电阻样品 quantum resistance sample

量子电阻样品是可以表现出量子霍尔效应的二维电子气器件，包括金属氧化物半导体场效应晶体管、砷化镓异质结多层半导体和石墨烯单原子碳片等材料。二维电子气生长在衬底上，通过电子束蒸镀等方法将金属材料沉积到样品表面形成金属电极，如图 71（a）所示，其中浅灰色部分为二维电子气，深灰色部分为金属电极，其中电极 1 和 5 为电流端，电极 2 和 8、3 和 7、4 和 6 为三对电压端。

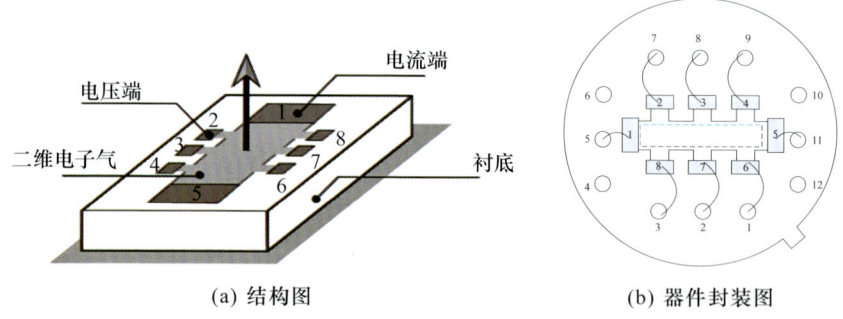

(a) 结构图　　　　　(b) 器件封装图

图 71　量子电阻样品结构图和器件封装图

砷化镓量子电阻样品是基于 GaAs/AlGaAs 异质结材料的量子电阻样品，其结构为"三明治"型，如图 72（a）所示，包括 GaAs 表面层、AlGaAs 掺杂层、AlGaAs 隔离层、高纯净度 GaAs 层、GaAs/AlGaAs 超晶格层、GaAs 纯净层、GaAs 衬底等，在 AlGaAs 隔离层与高纯净度 GaAs 层的接触面处形成二维电子气，如图 72（b）所示，该二维电子气在低温强磁环境下出现量子霍尔效应。砷化镓量子电阻样品是当前可靠性最高的量子电阻芯片,实物图如图 72(c)所示。

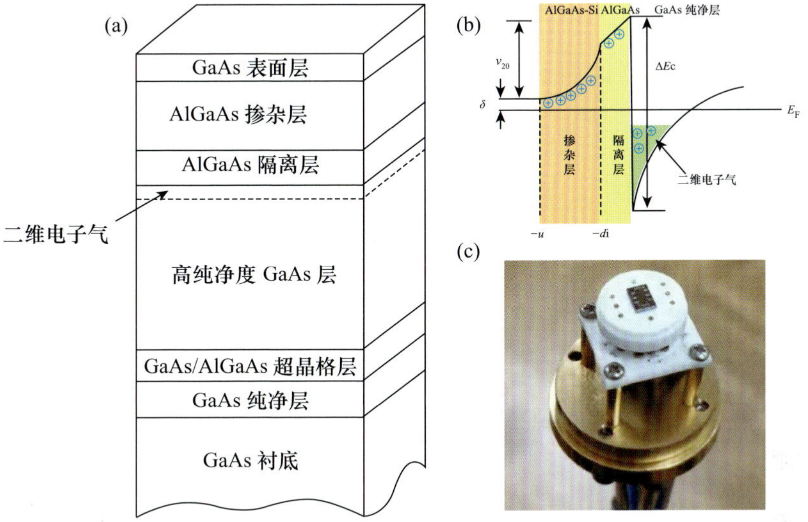

图 72　砷化镓量子电阻样品
(a) 砷化镓异质结结构图；(b) 砷化镓异质结二维电子气；(c) 砷化镓量子电阻样品实物图

石墨烯量子电阻样品是基于石墨烯材料的量子电阻样品,实物如图 73 所示。石墨烯材料的朗道能级间距大,可以在 3 T 左右的磁场下复现量子霍尔效应。生成石墨烯材料的常用方法有机械剥离法、化学气相沉积法和碳化硅外延生长法等,其中碳化硅外延生长法是目前生成石墨烯材料最常用和质量最高的方法。

图 73　石墨烯量子电阻样品实物图

2.23 超导量子干涉器件 superconducting quantum interference device，SQUID

超导量子干涉器件由包含一个或两个约瑟夫森结的超导环路构成，前者称为射频超导量子干涉器件（RF-SQUID），后者称为直流超导量子干涉器件（DC-SQUID）。DC-SQUID 示意图如图 74（a）所示。当穿过超导量子干涉器件环路的磁通量发生变化时，超导量子干涉器件中感应出环路电流，超导环路电流随外加磁通量变化，其结果与光学中的干涉条纹相似，如图 75 所示，形成宏观量子干涉现象，成为灵敏度极高的磁传感器，可以测量出飞特（10^{-15} T）量级的微弱磁场，比常规的磁强计灵敏度高出几个数量级。因此可以利用射频超导量子干涉器件和直流超导量子干涉器件来探测外界磁通量变化的影响，同时还可以精确测量转换为磁通量的其他物理量，例如电流、电感、磁化率等。超导量子干涉器件广泛应用于生物磁测量、地质勘探、无损探伤检测、水下异常目标探测等方面。

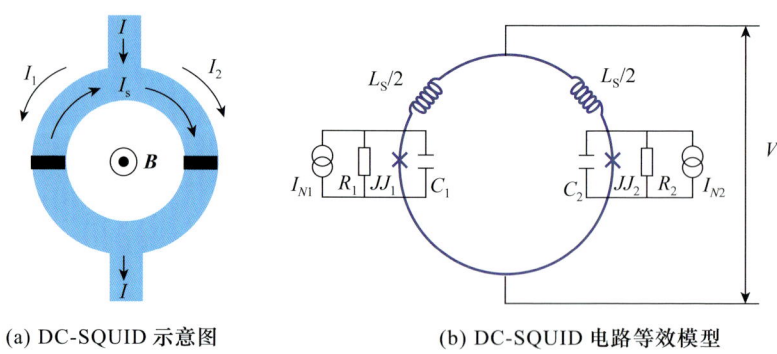

(a) DC-SQUID 示意图　　(b) DC-SQUID 电路等效模型

图 74　DC-SQUID 示意图及电路等效模型

2.24 超导转变边缘传感器 superconducting transition edge sensor，STES

超导转变边缘传感器是基于超导相变时电阻急剧变化的原理来检测物理量的传感器，其具有光子数分辨能力、高探测效率及低暗计数等显著优势。超导转变边缘传感器由工作在临界温度附近的窄温度区的超导薄膜和位于薄膜两端的电极构成。图76为STES Al/Ti双层膜电阻温度曲线。当超导薄膜受到外界物理量作用时，会发生超导态到正常态的转变，从而导致电阻的变化，通过测量电阻的变化，就可以得到外部物理量的准确信息。超导转变边缘传感器在光子能量、温度、压力、核素衰变能谱等参数精密测量方面具有重要应用。

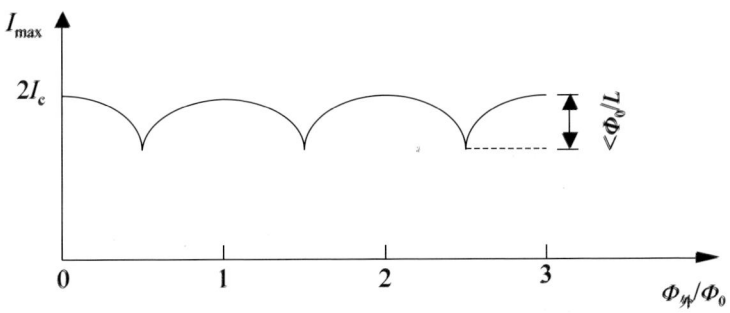

图75 超导环路电流与外加磁通量的关系

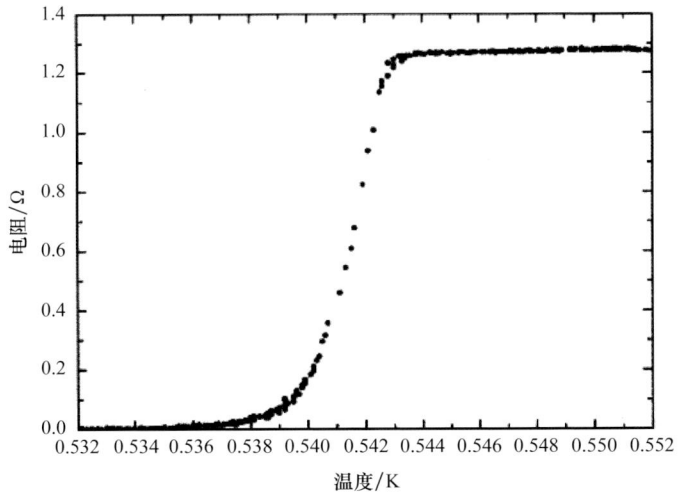

图76 STES Al/Ti双层膜电阻温度曲线

2.25 库仑离子晶体 Coulombic ionic crystal

库仑离子晶体是通过库仑相互作用形成的周期性晶格结构，如图 77 所示。根据离子的晶格排列方式，库仑离子晶体可分为一维线性链晶体、二维平面晶体与三维立体晶体。库仑离子晶体具有高度的有序性，其晶格常数、结合能和声子谱显著受库仑相互作用的影响。库仑离子晶体在光学、输运性质，以及低温条件下的量子相变等方面表现出独特特征，在等离子体物理、离子阱实验以及凝聚态物理研究中均具有重要应用价值。

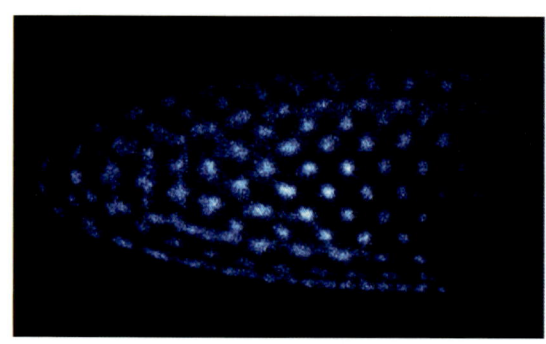

图 77　库仑离子晶体

2.26 微机电系统 micro-electromechanical system，MEMS

微机电系统，也称为微电子机械系统、微系统、微机械等，指尺寸在毫米乃至更小量级的装置，如图 78 所示。微机电系统是在微电子技术（半导体制造技术）基础上发展起来的，融合了光刻、腐蚀、薄膜、硅微加工、非硅微加工和精密机械加工等技术，集微传感器、微执行器、微机械结构、微电源、信号处理和控制电路、高性能电子集成器件、接口、通信等于一体的微型器件或系统。MEMS 具有微型化、多功能、高集成度和适于大批量生产的特点，可应用于微型原子钟、微型传感器及可穿戴设备等。

2 量子精密测量通用器件

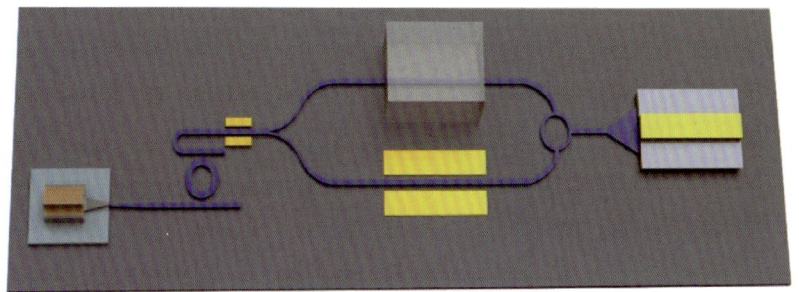

铌酸锂基调制器+隔离器单片集成　　　激光器+探测器异质集成　　　原子气室片上集成

图 78　微机电系统图

3 基于热原子量子效应的测量

3.1 相干布居囚禁 coherent population trapping

相干布居囚禁是一种量子调控技术,用于控制量子系统的布居分布与相干性,简称 CPT 效应。其原理是:用两个相位差恒定的相干激光将原子基态的两个超精细能级耦合到一个共同的激发态,若两个激光的频率差严格等于原子基态的两个超精细能级差对应的频率,原子会被抽运到两个超精细能级的一个相干叠加态(即相干暗态),此时激发态无原子布居,原子将不再吸收光子,原子被相干布居囚禁在基态的两个超精细能级,表现为荧光光谱中出现尖锐的共振暗线。同时,相干囚禁在基态两个子能级的原子系综会形成宏观相干磁偶极矩,其振荡会辐射相干微波。CPT 效应在原子钟、量子波长测量、量子磁场测量等领域具有重要应用。

3.2 里德伯原子 Rydberg atom

里德伯原子是主量子数 n 很大(通常 $n \geq 10$)的高激发态原子,外层电子处于远离核的高轨道,具有显著的量子尺度特性。其高激发态能级结构由里德伯能级公式描述,俗称巨原子,高激发态原子如图 79 所示。里德伯原子具有半径大、结合能小和寿命长等特性,对微波电场极为敏感,因此可作为高灵敏电场探针,用来进行基础科学研究和电磁场的精确测量。

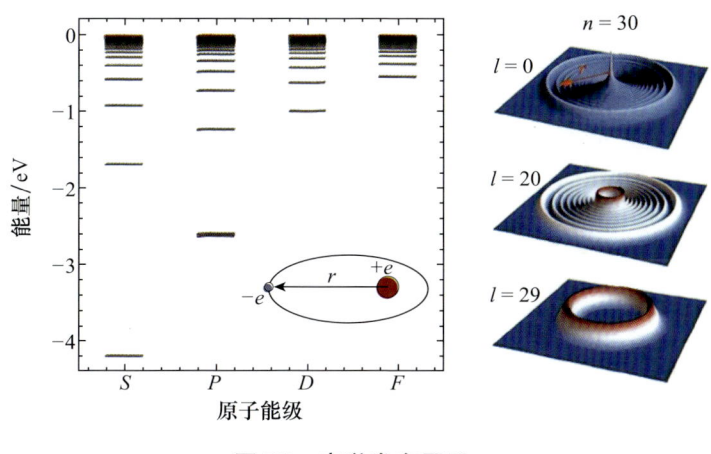

图 79 高激发态原子

3.3 原子能级跃迁时频测量 measurement of time and frequency based on atomic energy level transition

原子能级跃迁时频测量是利用某些不受外界干扰的原子吸收或发射的电磁波频率实现时间和频率的准确测量,如图 80 所示。当原子从一个能级跃迁到另外一个能级时,原子会吸收或发射相应频率的电磁波。由于原子内电子和原子核之间相互作用的能量的稳定性和确定性,与其相关的电磁波频率也是非常稳定和确定的,原子能级跃迁过程中吸收或发射的电磁波频率也具有相应的稳定性和确定性。因此,可利用原子能级跃迁频率来产生高精度的时间和频率的标准信号,并用于研制高性能原子钟。

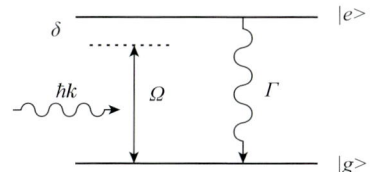

图 80 原子能级跃迁时频测量示意图

3.4 原子跃迁激光波长标准 laser wavelength standard to a reference atomic transition

原子跃迁激光波长标准是通过高分辨率的激光来测量原子能级跃迁谱线，并用于稳定激光波长，得到光学波长标准。由于激光波长为 $\lambda=c/\nu$，光学频率标准既可以用作时间/频率标准，也可以用作激光波长标准。由国际计量委员会推荐作为波长标准使用的光学频率标准主要有 7 种：以 $^{127}I_2$ 作为频率参考的 531 nm 半导体激光，以 $^{127}I_2$ 作为频率参考的 532 nm Nd:YAG 激光，以 Rb 原子作为频率参考的 778/780 nm 半导体激光，以 $^{127}I_2$ 作为频率参考的 633 nm He-Ne 激光，参考乙炔谱线的 1.5 μm 激光，以 CH_4 作为频率参考的 3.39 μm He-Ne 激光，以 ^{40}Ca 作为频率参考的 657 nm 半导体激光。

原子跃迁激光波长标准在量子精密测量和中红外通信领域具有重要应用价值，未来将研制覆盖蓝光到近红外波长的激光波长标准，同时可以利用冷原子进一步提升激光波长标准的准确度和稳定度，可为激光通信、精密制造和量子精密测量等领域提供有力支撑。

3.5 主动氢原子钟 active hydrogen atomic clock

氢原子钟分为主动型和被动型两种，所用的原子跃迁频率为 1 420 405 752 Hz。其稳定性优越，常用作守时钟。

主动氢原子钟（简称主动氢钟）是利用受激辐射的方法直接得到原子跃迁谱线输出的频率信号的原子钟。它采用原子本身作为微波的增益介质，利用原子的超窄跃迁谱线产生窄线宽微波激射，并以此来校准稳定振荡器，将超窄线宽振荡器的输出频率作为计时标准。主动氢钟有利于克服频率稳定的参考腔中腔受热噪声影响的问题。

主动氢钟的物理部分相当于一个输出频率可控的高稳频率源，主要包括晶振和伺服两个环路，晶振环路的主要作用是通过频率变换、锁相等手段将物理部分原子跃迁的准确度和稳定性传递给晶体振荡器，从而实现整

3 基于热原子量子效应的测量

机频率的高稳定输出;伺服环路的主要作用是将物理部分原子跃迁的准确度和稳定性反馈给物理部分的微波腔,从而消除腔体频率的变化引起的整机输出频率的变化,其结构图如图81所示。

主动氢钟是现有可工程普遍应用稳定度指标最佳的原子钟,可实现 6×10^{-16}/d 稳定度的输出,整机频率漂移率在 10^{-16}/d 量级,频率准确度可长期稳定在 10^{-14} 量级,主动氢钟主要用于守时以及基础科学研究,其实物图如图82所示。

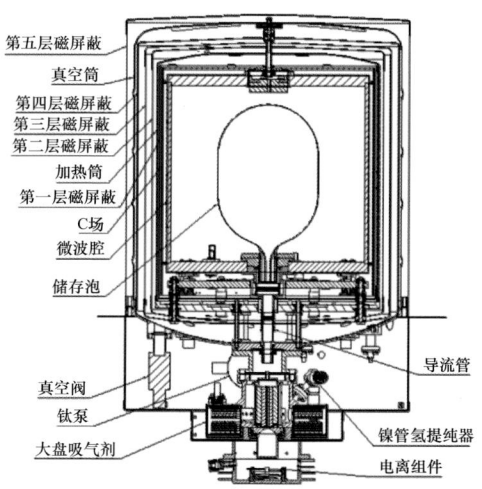

图81 主动氢原子钟结构图

图82 主动氢原子钟实物图

3.6 被动氢原子钟 passive hydrogen atomic clock

被动氢原子钟（简称被动氢钟）是利用本地振荡器输出的激励信号激发原子跃迁，通过误差信号反馈控制本地振荡器输出频率的原子钟。它相当于一台鉴相器，原子跃迁是在外加的激励信号感应下发生。激励信号来自一台晶体振荡器（简称晶振），激励信号频率与原子跃迁频率进行比较，产生与频偏成比例的信号，调整和控制晶振的频率。

被动氢钟由电路部分和物理部分组成，电路部分产生频率调制的微波信号并且处理两路锁频环路的误差信号，物理部分作为量子鉴频提供标准频率。工作原理包含两个锁频环路，由晶振产生的、频率调制及合成的微波信号经过物理部分，通过氢原子超精细能级跃迁的鉴频作用，携带晶振和跃迁的频差信息，同时通过微波腔谐振的鉴频作用，携带微波腔和晶振的频差信息。如图 83 所示。

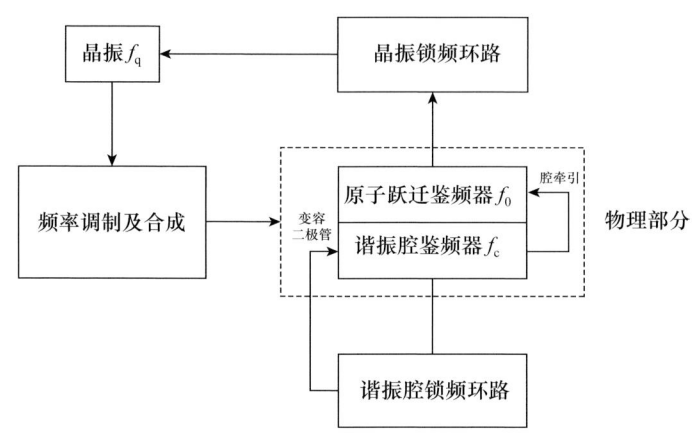

图 83　被动氢原子钟原理图

与主动氢钟相比，被动氢钟整机稳定性较差，但一般重量较轻、体积较小。被动氢钟根据应用场景主要分为星载被动氢钟和地面被动氢钟。被动氢钟是建立时频系统的基础之一，在各个工程领域应用广泛，例如守时授时、导航定位、深空探测、时间同步、基础科学研究、作战平台等。被动氢钟实物图如图 84 所示。

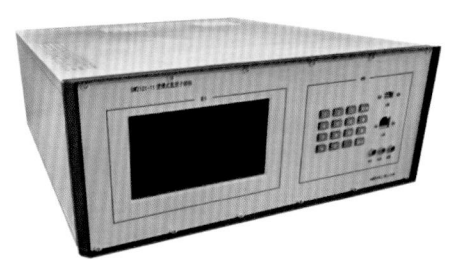

图 84　被动氢钟实物图

3.7　铯原子钟　cesium atomic clock

铯原子钟是一种利用铯-133 原子基态的两个超精细能级间的跃迁频率，即 9 192 631 770 Hz，作为参考，产生准确稳定时间（频率）信号的仪器。铯原子钟的输出信号通过晶体振荡器产生，频率一般为 5 MHz 和 10 MHz。晶振频率一般为 5 MHz 和 10 MHz，综合成频率接近原子跃迁频率的微波激励信号，使铯原子在激励信号的感应下发生跃迁。当激励信号的频率偏离原子跃迁频率时，产生一个误差信号去调整晶振频率，使偏差为零，晶振频率稳定控制后，晶振的输出频率与实际发生的原子跃迁频率具有同样的准确度。小型铯原子钟如图 85 所示，目前商品型铯频标的准确度已达到 5×10^{-13}。

铯原子钟的准确度高、长期稳定性好。1967 年，第 13 届国际计量大会通过了基于铯原子跃迁的秒定义，将高性能铯原子钟用作时间频率基准。铯原子钟广泛用于守时授时、导航定位、时间同步、基础科学研究等。1995 年，法国研制成功的铯原子喷泉钟，将准确度提高了一个数量级以上。当前，中国计量科学研究院研制的铯原子喷泉钟作为国家计量基准，用于复现国际单位制基本单位"秒"。

图 85　小型铯原子钟

3.8　磁选态铯原子钟 magnetically state-selected cesium atomic clock

磁选态铯原子钟是一种由铯原子与微波相互作用形成基态超精细能级共振跃迁，以探测铯原子跃迁能量所对应的频率，从而实现测量时间的仪器。主要方法是利用外加梯度磁场将铯原子的两个基态超精细能级分离出来：选择其中一个超精细能级的铯原子经过微波共振腔振荡场与微波作用，一部分铯原子跃迁至另一个超精细能级，铯原子跃迁至此能级的比例即可代表微波频率与铯原子共振频率的偏差程度，微波频率若能与铯原子共振频率完全一致，则这时的微波频率就可以用来实现秒定义。在磁选态铯原子钟中，铯原子与微波的相互作用对提高准确度至关重要，拉姆塞分离场方法通过让铯原子先后通过两个相位相同的微波辐射场，使铯原子与微波场进行两次相互作用，形成拉姆塞谱线，能获得更窄线宽，抑制环境噪声，是磁选态铯原子钟实现高准确度频率测量和时间测量的重要手段。磁选态铯原子钟实物图如图86 所示。

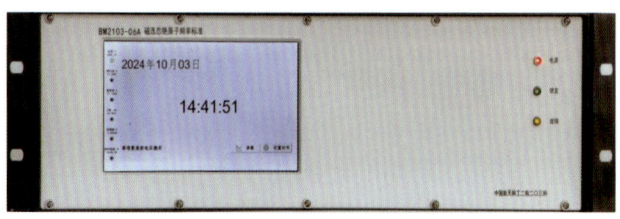

图 86　磁选态铯原子钟实物图

3.9 激光抽运铯原子钟 laser-pumped cesium beam atomic clock

激光抽运铯原子钟是一种基于光抽运技术实现原子态的制备与检测的铯原子钟。以激光抽运铯原子钟为例，激光抽运取代了传统的磁选态进行原子态的制备。采用频率对应铯原子 3-3′ 或 4-4′ 跃迁的激光进行抽运，利用跃迁选择机制使铯原子在两个基态超精细能级 $|F=3\rangle$ 和 $|F=4\rangle$ 上重新分布，将铯原子集中至单个基态超精细能级 $|F=3\rangle$ 或 $|F=4\rangle$ 上，从而有效提升了铯原子的利用率，进而提升铯原子钟钟跃迁信号的信噪比。

激光抽运铯原子钟工作原理图如图 87 所示，具体工作过程为：铯原子从铯炉中出射后，首先，在抽运区与第一束抽运激光（例如 4-4′ 跃迁）相互作用，使铯原子集中到某一个特定的基态超精细能级 $|F=3\rangle$ 上，这一过程不仅显著提高了铯原子的利用率，还实现了高效的选态；随后，铯原子与分离振荡场相互作用，在微波作用下，铯原子跃迁到基态超精细能级 $|F=4\rangle$ 上；最后，到达检测区后，通过检测抽运激光（4-5′ 跃迁）与铯原子进一步作用产生荧光信号，通过收集和探测荧光信号，可以获得原子跃迁的拉姆塞谱线。

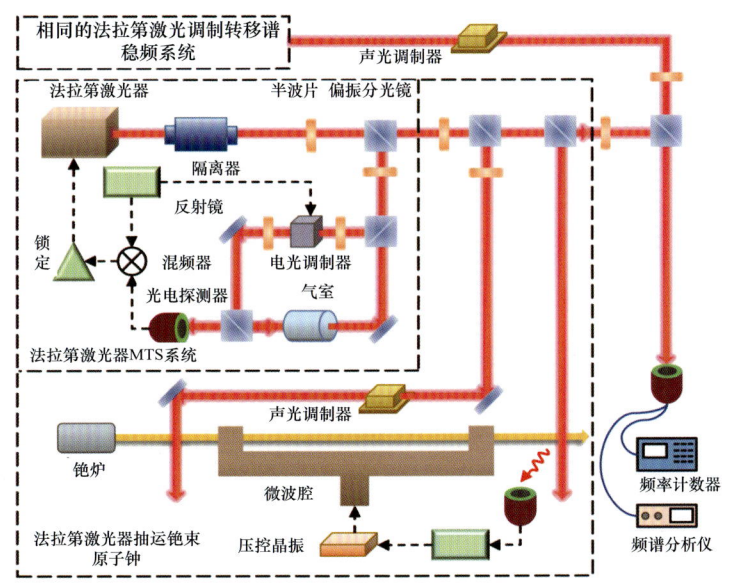

图 87 激光抽运铯原子钟工作原理图

激光抽运铯原子钟的优势主要体现在以下几个方面：① 避免了微波作用区强磁场的干扰，有效克服了马约拉纳频移；② 相较于磁选态方案有效提升了铯原子的利用率；③ 由于激光与铯原子的传输方向相互垂直，因此没有速度选择性，从而进一步提高了铯原子的利用率和探测效率；④ 激光抽运选态的固有对称性有效消除了场相关跃迁振幅的不对称性，显著降低了拉比牵引效应和拉姆塞牵引效应对频率标准的影响。

3.10 铷原子钟 rubidium atomic clock

铷原子钟是一种利用铷原子的能级跃迁特性产生精确时间（频率）信号的仪器。铷原子钟利用特定光源将铷原子"抽运"到特定的能级，再用微波场激发铷原子基态超精细能级跃迁，超精细能级之间的跃迁频率通常为 f_0=6 834 682 610 Hz，然后通过频率综合电路产生并施加接近跃迁频率 f_0 的微波场激发不同能级间的跃迁。由于各能级对光的吸收或荧光响应不同，可通过监测光学信号的变化，利用外部锁频电路来精确锁定微波频率。如图 88 所示为铷原子钟典型工作原理。铷原子钟输出的时钟频率准确度一般为 10^{-10}～10^{-12}，属于二级频率标准。铷原子钟的体积较小、成本低，在导航定位、通信等领域应用非常广泛。

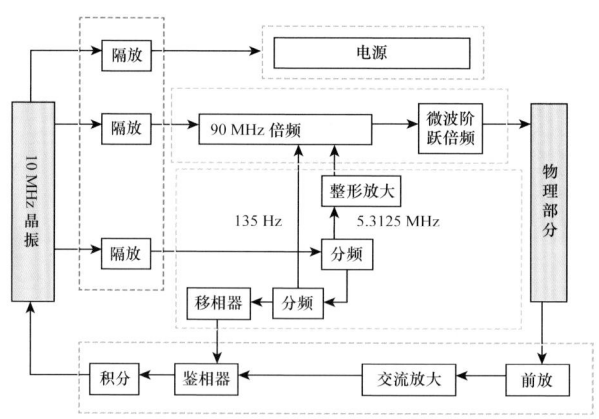

图 88 铷原子钟典型工作原理

3 基于热原子量子效应的测量

3.11 钙原子光钟 calcium atomic beam optical clock

钙原子光钟是一种基于钙原子光学波段的能级跃迁作为稳定的频率参考而建立的原子钟。与氢、铷、铯等微波频段的原子钟不同，钙原子光钟输出频率处于光波频段，理论上指标能够提升两个量级以上。

钙作为碱土金属的一员，钙原子能级结构如图89所示，从基态$(4s^2)\ ^1S_0$能级到激发态$(4s4p)\ ^1P_0$能级的跃迁为循环跃迁，波长为423 nm，跃迁线宽较宽，能级寿命较短，约为4.6 ns，可用于原子冷却和探测频谱信号。431 nm波长的能级跃迁概率也比较高，但由于是激发态之间的跃迁，可用于激发态原子的探测。从基态$(4s^2)\ ^1S_0$能级到激发态$(4s4p)\ ^3P_1$能级的跃迁为钟跃迁，波长为657 nm，跃迁线宽较窄，约为414 Hz，能级寿命较长，约为0.4 ms，可以作为原子频率标准的参考能级。虽然使用窄线宽的原子跃迁频率能够实现高稳定性的原子频率标准，但是能级跃迁概率越低，直接荧光探测效率越低，探测得到的原子谱线信噪比越差，系统稳定性则受到限制。利用423 nm或者431 nm波长的能级跃迁，如图90所示，采用能级转移探测的方案，可以极大提升原子谱线信噪比，提升系统稳定性，实现钙原子光钟的小型化与高性能。

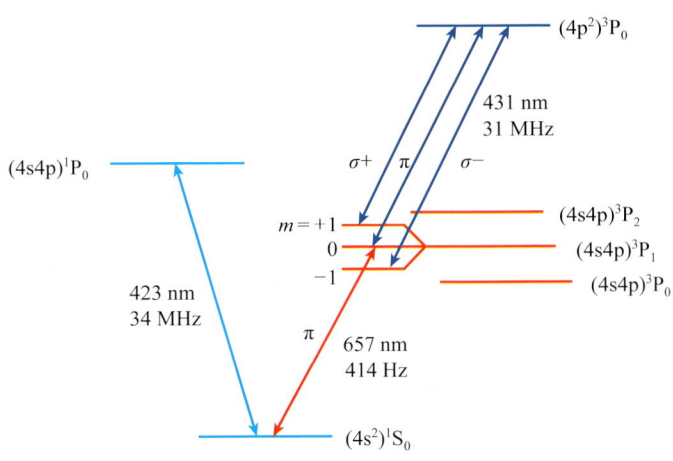

图89 钙原子能级结构

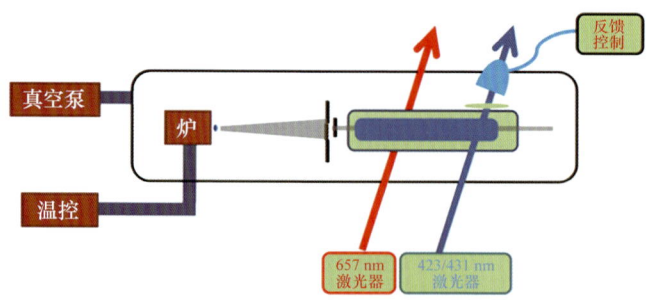

图 90　钙原子光钟能级转移探测方案原理图

3.12　核磁共振波谱仪　nuclear magnetic resonance spectrometer

核磁共振波谱仪是一种利用非零自旋原子核在外磁场作用下发生的核磁共振效应，用于分析物质结构等特性的测量仪器，分为连续波及脉冲傅里叶变换两种类型。

连续波核磁共振波谱仪主要由磁体、射频发射器、检测器、放大器和记录器等组成。磁体分为永久磁铁、电磁铁和超导磁铁（磁感应强度可达19 T）。磁体上备有扫描线圈，用来保证磁场均匀，并可在一定范围内连续变化。核磁共振波谱仪的分辨率一般用频率表示，其定义是在仪器磁场下激发氢原子所需的电磁波频率，如一台磁感应强度为 9.4 T 的超导核磁共振波谱仪，激发氢原子的电磁波频率为 400 MHz，则该仪器为"400M"的核磁共振波谱仪。频率高的仪器，分辨能力好、灵敏度高、分析能力强。脉冲傅里叶变换核磁共振波谱仪增设了脉冲程序控制器和数据采集处理系统，利用一个短而强的脉冲将所有待测核同时激发，在脉冲终止时打开接收系统，采集自由感应衰减信号，待被激发的核通过弛豫过程返回平衡态时再进行下一个脉冲的激发，最终得到的时域自由感应衰减信号，经过傅里叶变换转变为频域函数进行识别。脉冲傅里叶变换核磁共振波谱仪通常需要多次采样，以提高灵敏度和信噪比。脉冲傅里叶变换核磁共振波谱仪可以测试低丰度核，测试时间短；还可以测定核的弛豫时间，实现化学反应的动态测定。

3.13 原子磁强计 atomic magnetometer

原子磁强计是利用原子内部稳定能级在磁场中由塞曼效应引起的能级分裂间距和偏振态与外磁场的关系，通过测量跃迁频率来精确测量磁场强度的仪器，也称原子磁力仪。当原子处于特定的激光和磁场环境中，其自旋态会发生变化，通过检测该变化可以计算出磁场强度。原子磁强计具有极高的灵敏度和空间分辨率，在生物医学、地球物理、材料科学、国防科技等众多领域具有重要应用。例如，在医学领域，可以检测大脑神经元活动产生的微弱磁场；在地质勘探中，可探测地下的磁性矿物质分布。

3.14 碱金属磁强计 alkali-metal atomic magnetometer

碱金属磁强计（也称碱金属原子磁强计）是通过测量极化的碱金属原子在外磁场作用下的拉莫尔（Larmor）进动频率实现磁场探测的仪器。与金刚石 NV 色心等原子体系相比，碱金属原子兼具较长的自旋弛豫时间和较多的相互作用原子数，具有当前最优的磁场探测灵敏度指标以及最低的量子极限噪声。碱金属磁强计原理图和钾原子能级图如图 91 所示。使用钾、铯、铷为工作介质的碱金属磁强计各具特点：钾原子具有最大的旋磁比，且由于其更小的碰撞截面，通常具有更窄的磁共振信号线宽，适宜在宽磁场范围内进行地磁场探测；铯原子具有最高的原子数密度（在相同温度下），可在常温下工作，有利于碱金属磁强计的小型化和低功耗设计；铷原子磁强计性能均衡，是更为常见的研究对象，在关键元器件的工艺水平方面具备显著优势。

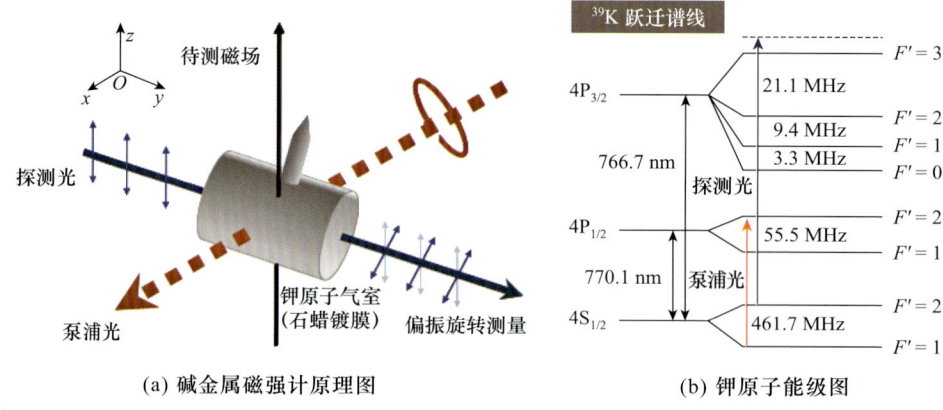

图 91 碱金属磁强计原理图与钾原子能级图

3.15 氦原子磁强计 helium magnetometer

氦原子磁强计以 ^{4}He 原子为工作介质，通过射频无极放电激励的方式将 ^{4}He 原子制备到亚稳态上，^{4}He 原子亚稳态能级在外磁场作用下解除简并，产生塞曼效应并分裂成三个磁子能级，能级分裂的大小与外磁场的大小成正比。通过光泵浦的方式实现亚稳态原子的取向或排列极化，利用磁光双共振、非线性磁光旋转或 Bell-Bloom 等方法实现从光的吸收或色散信号中提取并锁定磁场信号。氦原子磁强计原理如图 92 所示。现有的氦原子磁强计在地磁场（20 000～100 000 nT）附近工作状态良好，灵敏度优于 0.3 pT/Hz$^{1/2}$。

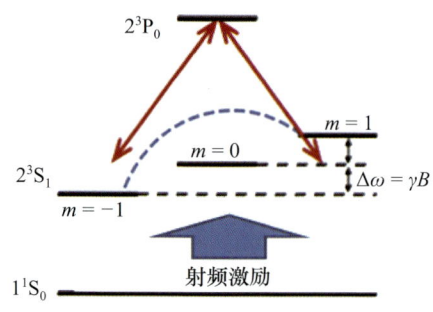

图 92 氦原子磁强计原理

3.16 光泵磁强计 optically pumped magnetometer

光泵磁强计主要是指基于光磁共振效应工作的原子磁强计。其原理是利用光场和交变磁场与原子相互作用来测量磁场。光泵浦和磁共振引起的塞曼子能级布居数变化如图 93 所示，偏振泵浦光有选择性地使原子在不同精细/超精细结构的塞曼子能级之间跃迁，形成原子数极化，然后对极化原子施加一个射频场，当射频场频率等于基态塞曼子能级之间的跃迁频率，即拉莫尔频率时，发生磁共振效应。通过锁定共振时射频场的频率即可得到磁场值。贝尔和布鲁姆提出了使用调制光场代替射频场实现共振的方案，该方案对泵浦光功率、频率或偏振进行调制，无须射频场，因此也被称为全光磁强计。光泵磁强计实物图如图 94 所示。

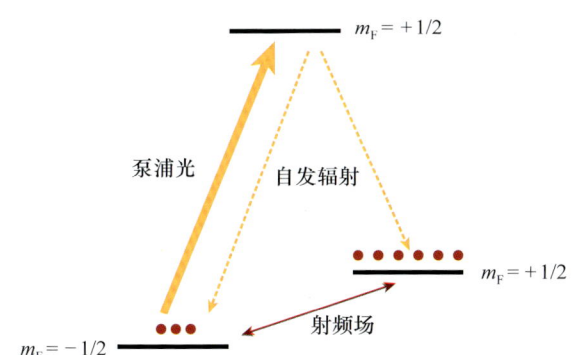

图 93　光泵浦和磁共振引起的塞曼子能级布居数变化

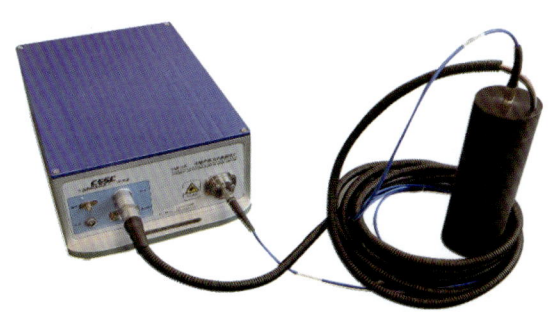

图 94　光泵磁强计实物图

3.17 原子干涉陀螺仪 atomic interference gyroscope

原子干涉陀螺仪是基于物质波干涉和萨格纳克效应，通过原子系统的量子态变化进行角速度和角位移测量的仪器，具有超高稳定度和灵敏度。其基本原理是，泵浦光和斯托克斯（Stokes）光在原子系统发生拉曼放大，实现光和原子的分束和合束，随后泵浦光和斯托克斯光分别沿着顺时针和逆时针方向传输，通过测量角速度引起的相位差来测量旋转运动。原子干涉陀螺仪原理图如图 95 所示。原子干涉陀螺仪可分为热原子束干涉陀螺仪、冷原子束干涉陀螺仪、三脉冲冷原子干涉陀螺仪、四脉冲冷原子干涉陀螺仪等类型。与热原子束干涉陀螺仪相比，冷原子束干涉陀螺仪的原子温度相对更低，原子数更少，精度更高。

原子干涉陀螺仪具有高于标准量子极限的测量准确度，相比之下，光纤陀螺仪测量精度则受限于光源相干性、光纤中散射和偏振交叉耦合等噪声影响。原子干涉陀螺仪的测量精度可以再提高几个数量级，在导航定位、精确制导、地球物理、空间科学研究等领域具有重要应用价值。

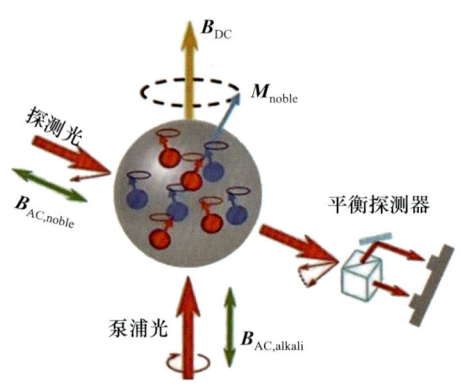

图 95　原子干涉陀螺仪原理图

3.18 相干布居囚禁原子频标 atomic frequency standard based on coherent population trapping effect

相干布居囚禁原子频标是基于相干布居囚禁效应实现精确时间频率测

量的频率标准,简称CPT原子频标。原子产生的相干布居囚禁透射谱线锁定在超精细能级上,可作为原子钟的参考谱线。工作原理如图96(a)所示,利用光电检测器检测到的相干布居囚禁信号对微波发生器输出频率进行伺服锁定,从而使微波发生器输出标准频率。基于相干布居囚禁原理的原子钟不需要微波谐振腔,可以进一步减小装置体积、简化结构,是原子钟微型化的发展方向。目前国内外的芯片原子钟主要是相干布居囚禁原子频标。相干布居囚禁原子频标实物图如图96(b)所示。

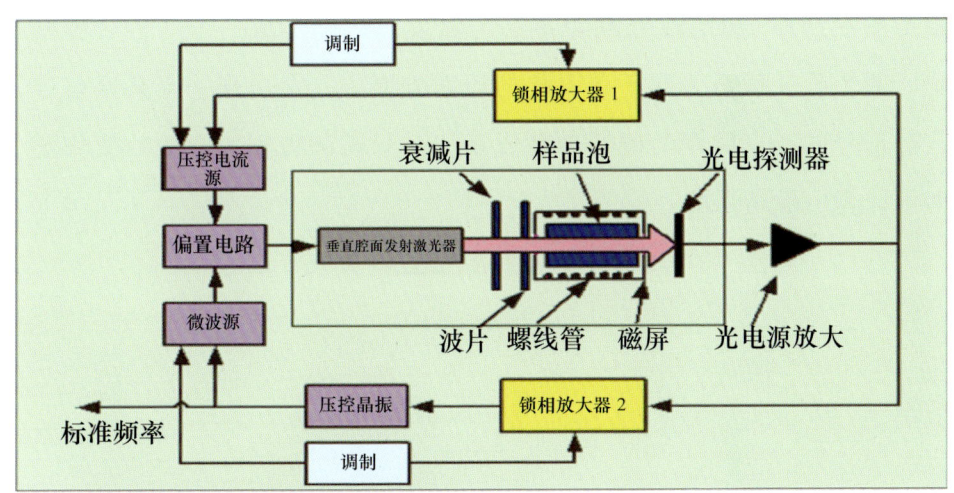

(a) 工作原理

(b) 实物图

图96 相干布居囚禁原子频标工作原理与实物图

3.19 相干布居囚禁原子磁强计 atomic magnetic magnetometer based on coherent population trapping effect

相干布居囚禁原子磁强计是基于相干布居囚禁效应和原子精细结构能级在磁场中的塞曼分裂现象的磁强计，简称 CPT 原子磁强计，CPT 原子磁强计能级图如图 97 所示。原子精细结构能级在外磁场作用下的塞曼分裂大小与外磁场成正比。以铷原子（^{87}Rb）作为工作介质为例，在外磁场作用下，铷原子的两个基态的分裂和对应的跃迁如图 98 所示。两个相干场在铷原子的 D1 线两个基态与激发态之间形成一个"Λ"模型系统。两个跃迁通道之间干涉引起的透射光谱中，会出现一个共振信号，共振信号的频率间距与磁场强度成正比。只需测得频率间距的变化量，即可计算出磁场强度。

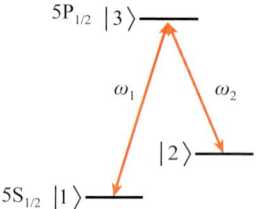

图 97　CPT 原子磁强计能级图

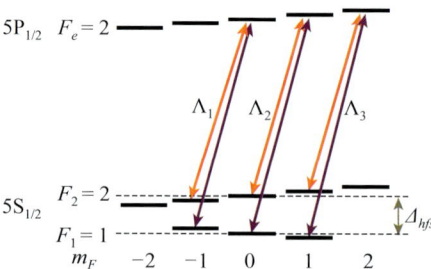

图 98　在外磁场作用下，铷原子的两个基态的分裂和对应的跃迁

3.20 里德伯原子场强测量 measurement of microwave field strength based on Rydberg atom

制备里德伯原子可以对特定波段电磁场进行测量，利用EIT效应（见1.33）和AT效应（见1.34）的原子传感器（例如，铷原子蒸气腔），对特定微波电磁场进行超灵敏的电场强度测量，相对于传统的基于天线测量系统的测量灵敏度提高2个数量级。

如图99所示，当没有微波电磁场作用时，通过将探测光频率锁定在铷原子的原子能级跃迁上，使得探测光与原子能级跃迁线共振。施加强耦合光，将铷原子激发到里德伯态，此时原本被原子吸收的探测光在共振频率附近出现透明窗口，可获得探测光的EIT透射谱。施加微波信号穿过原子气室，微波电磁场与里德伯能级耦合，导致探测光吸收的相关场干涉，EIT效应透射峰分裂成两部分，即EIT-AT分裂。EIT-AT分裂双峰间距与微波电磁场场强成正比。里德伯原子场强测量具有直接溯源至物理常数、超高灵敏度、对被测场干扰小、可实现宽频电场测量等优点。里德伯原子场强仪如图100所示。

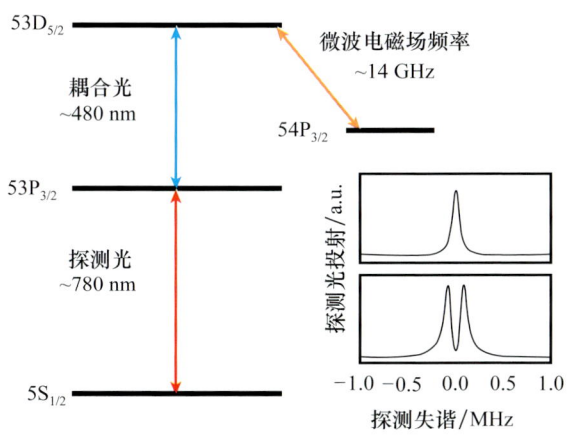

图99 在没有微波电磁场作用时，里德伯原子EIT-AT分裂

图 100　里德伯原子场强仪

3.21　里德伯原子微波功率测量　measurement of microwave power based on Rydberg atom

里德伯原子微波功率测量是基于里德伯原子的量子相干效应对微波功率进行测量，将碱金属原子制备至里德伯态，利用其 EIT 效应和 AT 效应实现微波功率的测量，其原理如图 101 所示。由于具有丰富的里德伯态能级结构，通过激光调谐选择不同的里德伯态，可以实现 100 MHz～500 GHz 频段范围内微波功率的精密测量，用于建立高准确度、高稳定度的微波功率计量标准，其测量值可以直接溯源到物理常数。

3.22　里德伯原子太赫兹成像　terahertz imaging based on Rydberg atom

里德伯原子太赫兹成像是利用里德伯原子耦合太赫兹波到更高的里德伯能级后的退激辐射，将太赫兹波所携带的信息转换为光波信号，通过对光波信号进行收集和处理以实现太赫兹波的成像，其原理如图 102 所示，相较于半导体器件成像，其具有更高的灵敏度。由于成像速度与原子寿命相关，基于里德伯原子辐射寿命短的特点，里德伯原子太赫兹成像可以实现高速、高分辨率成像。

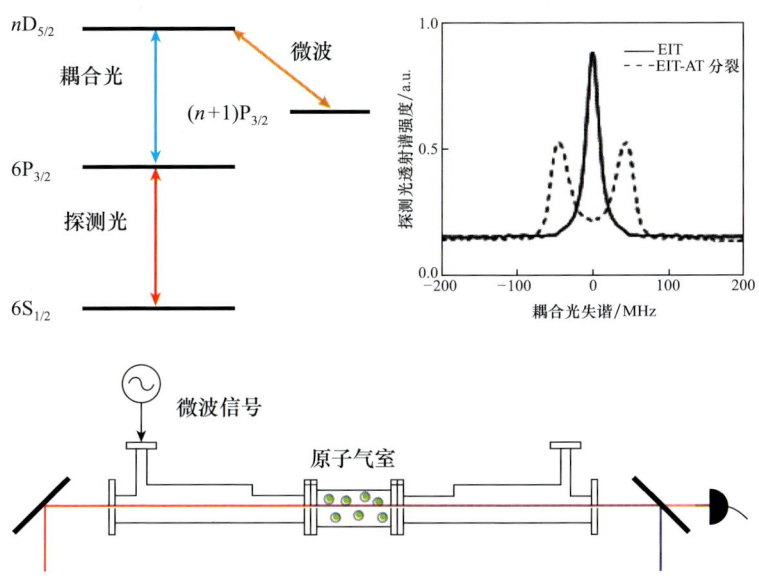

图 101　里德伯原子微波功率测量原理

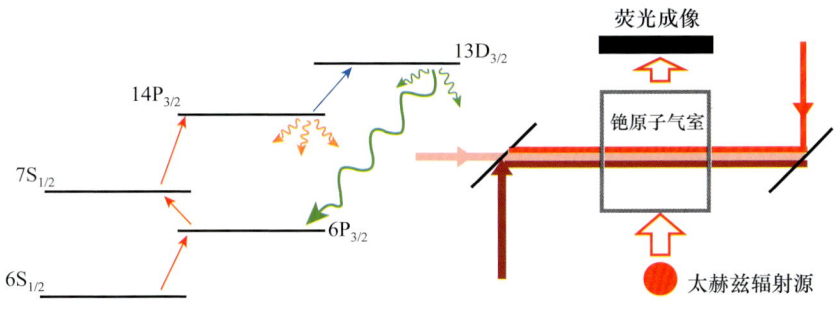

图 102　里德伯原子太赫兹成像原理

3.23　无自旋交换弛豫原子磁强计　spin-exchange relaxation-free atomic magnetometer，SERF原子磁强计

无自旋交换弛豫原子磁强计是一种基于特定条件下原子自旋交换碰撞

弛豫效应而实现超灵敏测量的仪器，一般由激光器、碱金属气室、无磁加热、抽运/检测光路、磁场线圈、光电探测器、测控电路等构成，其原理如图 103（a）所示。工作时需要对碱金属气室进行无磁加热，同时处于磁屏蔽系统，以实现无自旋交换弛豫状态。当存在微弱磁场变化时，碱金属原子自旋会产生拉莫尔进动，通过透射激光的光强或者旋光角的变化检测到进动信号，从而实现极弱磁场的测量。SERF 原子磁强计可以用于人体极弱磁成像、极弱磁计量测试、物质极弱磁性分析以及前沿物理学研究等领域，实物图如图 103（b）所示。

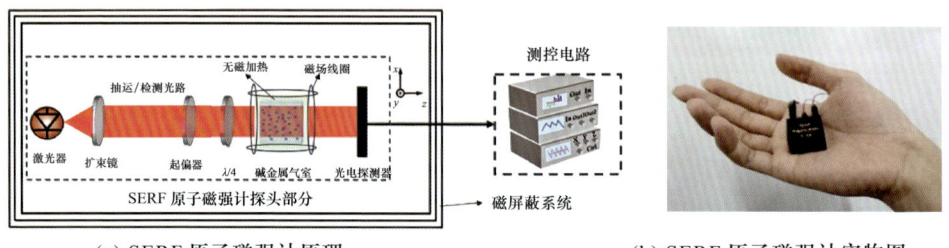

(a) SERF 原子磁强计原理　　　　(b) SERF 原子磁强计实物图

图 103　SERF 原子磁强计原理及实物图

3.24　无自旋交换弛豫惯性测量系统　spin-exchange relaxation-free atomic inertia measurement system，SERF 惯性测量系统

无自旋交换弛豫惯性测量系统是由惰性气体-碱金属混合气室、磁屏蔽、抽运光及检测光路、磁场线圈、无磁加热等构成。其原理如图 104 所示。该系统利用自旋交换光抽运效应（spin-exchange optical pumping，SEOP）进行碱金属原子自旋极化和惰性气体核自旋超极化，实现原子自旋态的制备；通过磁屏蔽和无磁加热提供剩磁小于 10 nT 的弱磁环境和高原子密度条件，实现无自旋交换弛豫态；当外界输入转动信号时，惰性气体核自旋产生自旋进动，碱金属原子自旋在惰性气体核自旋作用下产生对应的自旋进动，然后利用检测激光探测碱金属原子自旋进动，从而实

现对惯性转动信号的测量。SERF 惯性测量系统可以用于惯性转动信号的测量以及计量、暗物质第五力探寻等前沿物理研究。

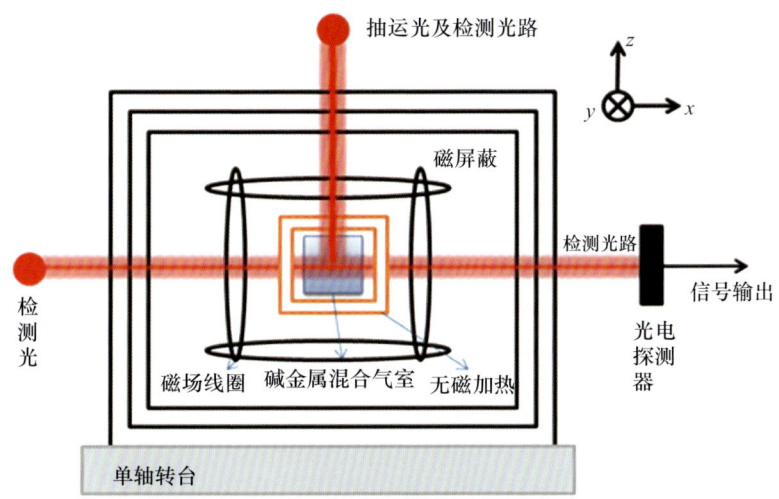

图 104 SERF 惯性测量系统原理

4 基于冷原子操控的测量

4.1 激光冷却 laser cooling

激光冷却是利用激光和原子(离子、分子等微观粒子)的相互作用减速原子运动以获得超低温原子的技术。激光冷却包括光学黏团冷却、磁光阱激光冷却和漫反射激光冷却等。该技术的特点是基于激光与原子相互作用的量子特性,利用指向中心的激光对目标原子施加作用力,激光光子撞击原子后,会通过吸收和发射光子的过程传递动量,使原子的速度降低。以磁光阱激光冷却为例,如图105所示,当原子沿着激光束运动时,由于激光束在中心区域内的光场效应以及势阱的限制,原子会不断地减速和限制在更小的空间区域内。

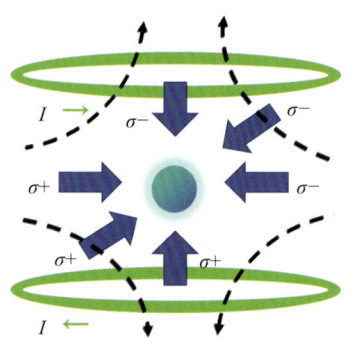

图 105 激光冷却原理

4.2 磁光阱激光冷却 laser cooling based on magneto-optical trap

磁光阱激光冷却是一种利用多束对射激光和梯度磁场构成磁光阱,并在磁光阱内利用辐射光场的散射力来冷却原子的方法，来源于原子吸收和发射光子的过程中光子动量的转移过程。由于塞曼效应，原子在不均匀的磁场内会产生随空间位置变化的塞曼能级分裂，也就对应着随空间位置变化的跃迁频率。在由一对通有相反方向电流的线圈组成的四极磁场中，六束两两对射并且具有相反圆偏振方向的光束交叠于零磁场处，在这个交叠区域附近形成磁光阱。由于原子同时受到光场散射力和非均匀磁场的共同作用，使得原子与光场的相互作用不仅与光场的强度和频率失谐量有关，也与原子所处的空间位置有关。如图 106 所示，当激光频率负失谐于共振跃迁频率时，处于 $z>0$ 空间位置的原子感受到 σ^- 左旋圆偏振光的频率（对应跃迁 $m_F=0 \rightarrow m_F=-1$）比 σ^+ 右旋圆偏振光的频率更接近共振跃迁频率。考虑到原子的跃迁概率，从 σ^- 左旋圆偏振光束中吸收的光子数大于从 σ^+ 右旋圆偏振光束中吸收的光子数，因此原子会受到一个指向 $z=0$ 空间位置原点的作用力。同样地，处于 $z<0$ 空间位置的原子从 σ^- 左旋圆偏振光束中吸收的光子数小于从 σ^+ 右旋圆偏振光束中吸收的光子数，受到的作用力方向仍然指向 $z=0$ 空间位置原点。这样原子受到的作用力具有回复力的特征，结合原子在光场中受到散射力、偶极力和梯度力的合力作用，运动的原子在磁光阱中将逐渐冷却，并被囚禁在 $z=0$ 空间位置原点附近的区域内。

根据其原理，磁光阱激光冷却装置由一对反亥姆霍兹线圈（上下两线圈电流方向相反）和三对偏振方向相反的对射圆偏振光构成，其利用磁场和光场的共同作用来实现激光冷却和囚禁中性原子（如铷原子和铯原子）。在 $z=0$ 空间位置原点附近的区域内可形成对称分布的近球状冷原子团，其中冷原子温度可被降低至多普勒激光冷却温度的极限温度，为百微开水平。如需要进一步降低原子温度，可关断磁场，通过调谐激光频率和功率进行进一步冷却，实现低于 $10~\mu K$ 的冷原子温度。该方法实现了原子团坐标空间和动量空间的同步压缩，具有系统结构紧凑、稳定性好、灵敏度高、阱深可调控等特点，可应用于波长、重力、真空、运动参数、时频、磁场等军工关键工程参数的最高计量标准研建。

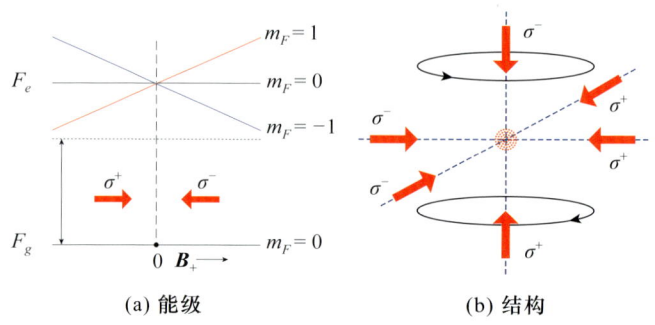

(a) 能级　　　　　　　　　(b) 结构

图 106　磁光阱激光冷却原理示意图

4.3　漫反射激光冷却　laser cooling based on light diffuse reflection

漫反射激光冷却是基于漫反射过程形成的各向同性光场对铷原子或铯原子等进行激光冷却，该技术由中国科学院上海光学精密机械研究所王育竹院士于 1979 年首次提出。形成各向同性光场的手段主要是向积分球内注入激光束，因此该冷却方法也可称为积分球激光冷却，基于该方法的原子钟随之称为积分球冷原子钟。在漫反射激光冷却过程中，一束激光射入积分球后会在内部多次漫反射形成一个均匀的各向同性的漫反射光场，当激光频率为负失谐时，特定速度的原子将与某一特定角度（这个角度是自动匹配的）的光线相互作用以补偿原子的多普勒频移，在很大的速度范围内，原子都可以感受到光场的作用力而受到冷却，如图 107 所示。这种激光冷却方法可以在很大的速度范围内实现冷却原子，并且不需要磁场线圈，具有全光冷却、对激光束偏振无要求、结构小型、方法简单、成本低和易实现等独特优点。其可应用于时频、磁场等军工关键工程参数的最高计量标准研建。

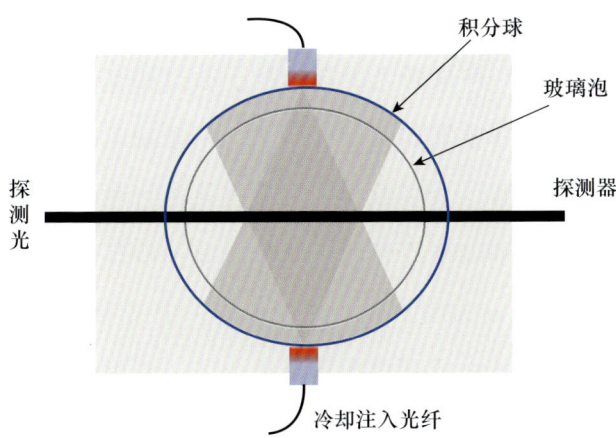

图 107　基于积分球的漫反射激光冷却结构示意图

4.4　激光多普勒冷却　laser Doppler cooling

激光多普勒冷却是一种利用多普勒效应实现原子冷却的技术。当激光传播方向与原子运动方向相反时，基态原子和光子发生相互作用跃迁到上能级，然后自发辐射出速度方向随机的光子。经多次循环跃迁平均后，原子的总动量减小，达到冷却目的，激光多普勒冷却原理如图 108 所示。激光多普勒冷却技术可应用于中性原子和离子的冷却。对于中性原子，需要使用三个维度的激光实现三维冷却；对于离子，其不同维度的运动之间存在耦合，使用一束激光即可实现离子的三维冷却。

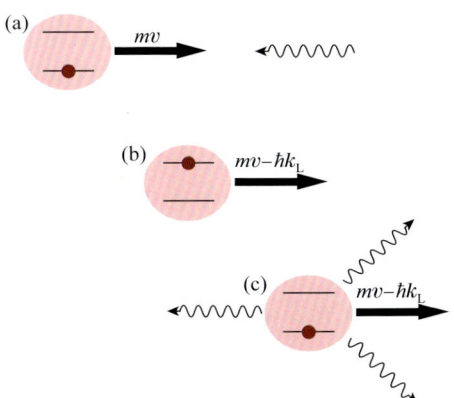

图 108　激光多普勒冷却原理

4.5 协同冷却 sympathetic cooling

协同冷却是使用一种被激光冷却的粒子通过相互作用来冷却周围另一种粒子的冷却技术，其原理如图109所示，由于缺乏循环跃迁或缺乏循环跃迁对应波长的激光器，大多数粒子无法直接进行激光冷却，协同冷却技术突破了这一障碍，可以将原子离子和分子离子冷却到数十毫开，甚至冷却质量高达10 000 u（u为统一原子质量单位，定义为基态碳–12原子质量的1/12）的染料、氨基酸或蛋白质等有机分子。根据粒子种类与相互作用方式不同，协同冷却可分为三类：中性粒子间的协同冷却、中性粒子与带电粒子间的协同冷却、带电粒子间的协同冷却。

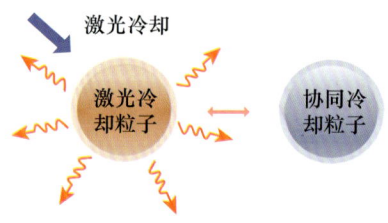

图 109　协同冷却原理

4.6 原子喷泉 atomic fountain

原子喷泉以激光冷却原子为基础，利用正交坐标系中对射激光的频率对称失谐操控冷原子团，使其获得沿着重力方向的初始速度形成向上抛物运动。通常包括向上抛射和自由下落两个过程，与喷泉类似。通过原子喷泉可形成沿重力方向的原子自由运动，加上精准控制的外场，为各种物理量的精密测量提供重要的量子参考体系。可应用于量子精密测量，时频、重力加速度、磁场等军工关键工程参数的计量标准研建，计量仪器、传递标准研制，以及时频等量值传递方法的研究等。喷泉原子钟原理图与结构图如图110所示。

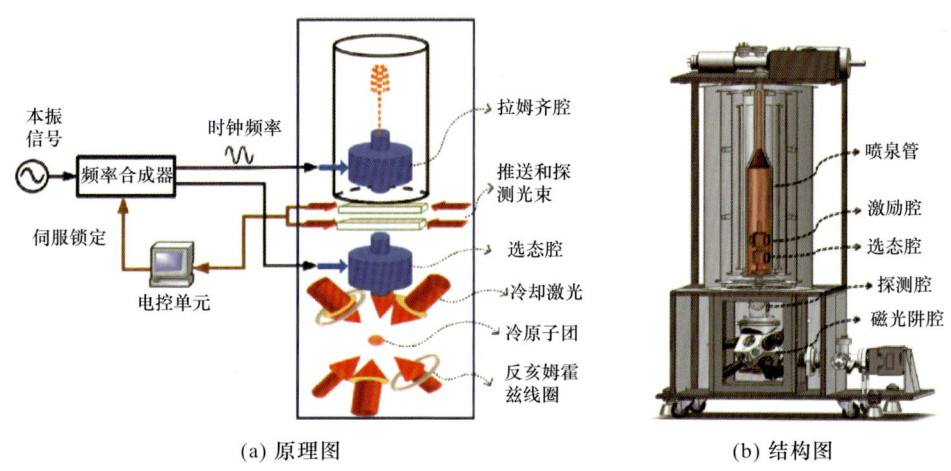

(a) 原理图　　　　　　　　　　(b) 结构图

图 110　喷泉原子钟原理图与结构图

4.7　光晶格　optical lattice

光晶格是利用多束驻波激光形成的周期性网状势阱，使囚禁的冷原子在空间形成周期性排列。一维光晶格由一对相向传播的相干激光干涉形成周期性光学势阱，势阱周期等于形成光晶格的激光波长的一半。在光晶格势阱中，由于交流斯塔克效应产生的光偶极力作用，可以把冷原子囚禁在光强最强处或最弱处。光晶格中的冷原子系统如图 111 所示。光晶格被广泛应用于研究囚禁冷原子的铁磁、反铁磁和顺磁性质，偏振梯度冷却与囚禁的动力学，拉曼冷却和绝热冷却，波包动力学、量子传输与隧道效应等。

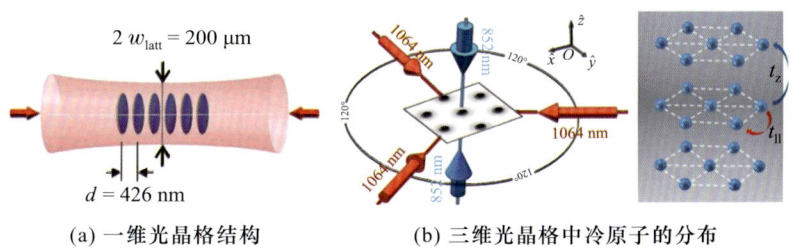

(a) 一维光晶格结构　　　(b) 三维光晶格中冷原子的分布

图 111　光晶格中的冷原子系统

4.8 喷泉原子钟 atomic fountain clock

喷泉原子钟以激光操控抛射经激光冷却的原子团为工作介质，在上升、下落过程中两次通过微波腔与激励微波相互作用获得拉姆塞谱线作为鉴频信号，伺服控制本振源（晶振）输出高准确度的标准钟信号。目前主要包括铷喷泉原子钟和铯喷泉原子钟。一个完整的喷泉原子钟的工作过程包括磁光阱激光冷却→上抛→后冷却→选态→激励→检测。本振源的输出信号通过频率综合产生钟跃迁频率的微波信号，利用最后获得的拉姆塞跃迁概率信号，可以得到本振源的伺服控制信号，从而把本振源的输出频率锁定在原子的超精细能级上，获得标准的钟信号输出。在锁定过程中，激励微波信号频率在拉姆塞谱线中心条纹的中心两侧跳频切换，一般跳频宽度等于中心条纹半高全宽线宽的一半，利用中心条纹两侧的跃迁概率的差异得到误差信号，再将微波信号频率伺服锁定到拉姆塞谱线的中心频率，喷泉原子钟的工作过程如图 112 所示。喷泉原子钟的短期频率稳定度在（$10^{-13} \sim 10^{-14}$）$\tau^{-1/2}$ 量级，长期频率稳定度在（$10^{-16} \sim 10^{-17}$）量级，频率不确定度在 10^{-16} 量级，主要受二阶塞曼频移、黑体辐射频移、冷原子碰撞频移以及与微波相关频移等因素影响。喷泉原子钟实物图如图 113 所示。当前，喷泉原子钟包含铯和铷两种工作介质，其中铯喷泉原子钟主要作为国际秒定义的复现装置，在各地协调世界时的建立、国际原子时的校准等方面发挥着越来越重要的作用；铷原子喷泉钟主要作为基准钟，应用于中国计量科学研究院等国家计量机构的时间单位复现与保持。

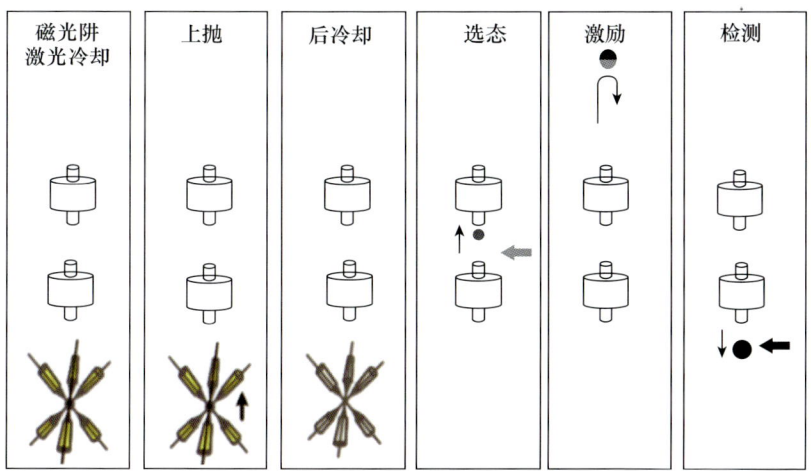

图 112　喷泉原子钟工作过程

图 113　喷泉原子钟实物图

4.9　锶原子光晶格钟　strontium optical lattice clock

锶原子光晶格钟是一种采用激光冷却和光晶格囚禁技术建立的、以锶原子光频钟跃迁为量子参考的光频原子钟。主要包含制备锶原子的真空物理系统、冷却和囚禁锶原子的激光光学系统、探测锶原子钟跃迁的超稳激光系统以及实现伺服反馈的锁定控制系统。为了实现应用，往往还需要包含飞秒光梳和光纤传输作为输出系统，如图114所示。锶原子光晶格钟利用"魔术波长"光晶格囚禁超冷锶原子，在不引入光频移的情况下极大减小了原子运动效应造成的影响，采用超稳激光系统探测锶原子超窄光频钟跃迁，得到频率误差信号，通过锁定控制系统把超稳激光锁定到钟跃迁上，实现高准确度的光学频率输出。锶原子光晶格钟可作为高准确度的基准钟，驾驭守时系统产生独立自主的原子时标，为导航定位等应用服务。

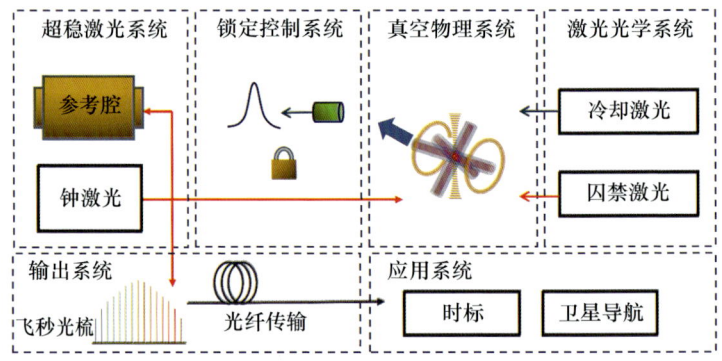

图114　锶原子光晶格钟系统组成结构图

4.10　冷原子主动光钟　cold atom active optical clock

冷原子主动光钟是一种基于冷原子光频跃迁谱线主动受激辐射产生精确时间（频率）信号的光频原子钟。其典型特征是利用腔耗散率远大于原子衰减率的光学腔的相位相干反馈，避免腔模热噪声对光场相干性的破坏，原子受激辐射信号可直接作为高度相干、窄线宽的钟激光，具有腔牵引抑制和窄线宽的显著优势，有效克服传统被动光钟存在的腔长热噪声问题。其中，作为增益介质的冷原子系综可以采用冷却原子束、光晶格囚禁、离子阱囚禁、漫反射冷却等方案来制备，从而抑制热原子带来的碰撞频移、多普勒效应线宽展宽。冷原子主动光钟工作原理和坏腔工作区域示意图如图 115 所示。冷原子主动光钟，从原理上可以将现有被动光钟的关键指标提升 1~2 个量级，推动新一代光钟、超窄线宽激光源的发展，在腔电动力学、量子计量、引力波探测、卫星导航等领域具有广阔的应用前景。

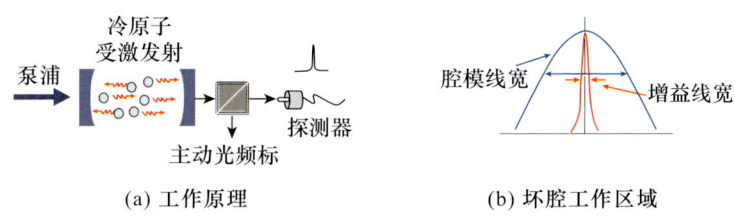

(a) 工作原理　　　　　　(b) 坏腔工作区域

图 115　冷原子主动光钟工作原理和坏腔工作区域示意图

4.11　冷原子重力仪　cold atomic gravimeter

冷原子重力仪是一种利用冷原子物质波干涉原理实现重力加速度精确测量的仪器。典型的拉曼型冷原子重力仪，使用一对频差固定、相位相关的拉曼激光，作用于自由下落的冷原子团，通过受激拉曼跃迁效应实现物质波干涉过程，提取原子干涉信号的相位信息得到重力加速度数值。原理是利用拉曼激光脉冲来激发原子，并在此过程中将光子的动量转移给原子，从而实现原子波包在空间上的分束、反射与合束。激光相位也在操作原子的过程中被写入原子的物质波相位中。由于原子具有静止质量，其轨迹在重力场中会发生偏转，从而拾取不同的激光相位，因此可以通过测量原子干涉信号的相位和相位差来实现对重力加速度的精密测量。冷原子重力仪如图 116 所示。冷原子重力仪用于精密重力测量有超高灵敏度和相对高的采样速率，其在地球物理和环境监测领域应用广泛，在空间科学、海洋探测等基础科学研究方面发挥着重要应用。

4.12　冷原子重力梯度仪　cold atomic gravity gradiometer

冷原子重力梯度仪是一种利用多个冷原子样品的物质波干涉过程实

现重力加速度差分测量的仪器。重力梯度是重力加速度 g 的空间变化率，由两个原子干涉仪实现一个重力梯度张量分量的测量。测量垂向重力梯度张量分量 Γ_{zz} 的冷原子重力梯度仪由在垂直方向间距为 L 的两个原子干涉仪组成，两个原子干涉仪在重力加速度 g_1 和 g_2 的作用下分别产生相移 $\Delta\varphi_{g_1}$ 和 $\Delta\varphi_{g_2}$，而相移差 $\Delta\varphi\Gamma=\Delta\varphi_{g_1}-\Delta\varphi_{g_2}$ 正比于重力加速度差 $\Delta g=g_1-g_2$，垂向重力梯度张量分量 $\Gamma_{zz}=\Delta g/L$。基于原子干涉的重力梯度测量原理图如图117所示。冷原子重力梯度仪是一种具有高准确度、低漂移、无机械磨损和常温工作等特点的绝对重力梯度仪，在资源勘探、地下目标探测、自主导航和垂线偏差改正等领域具有十分重要的应用前景，其实物如图118所示。

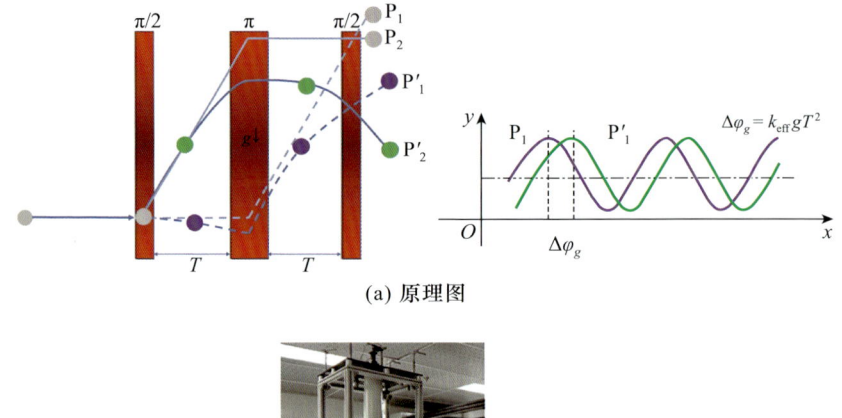

(a) 原理图

(b) 实物图

图 116　冷原子重力仪

4 基于冷原子操控的测量

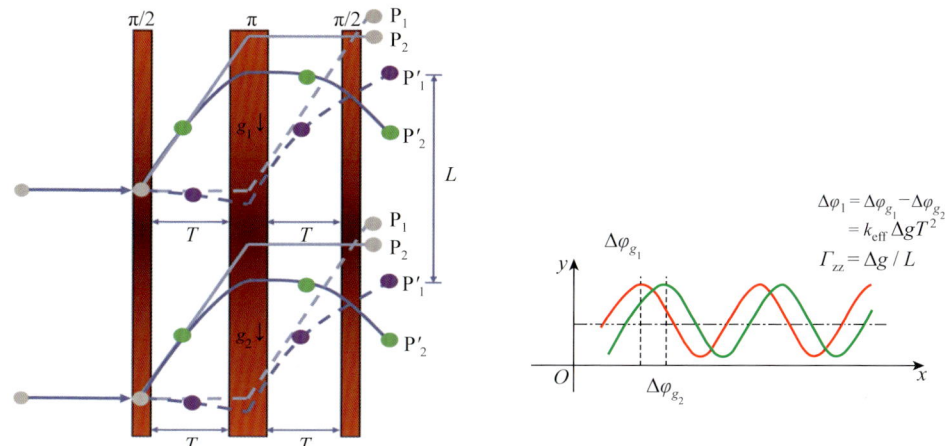

图 117 基于原子干涉的重力梯度测量原理图

图 118 冷原子重力梯度仪实物

4.13 冷原子干涉陀螺仪 cold atomic interference gyroscope

冷原子干涉陀螺仪是一种利用冷原子物质波干涉的萨格纳克效应进行

角速度测量的仪器。主要技术要点包括原子的物质波源和物质波的相干操控。物质波源通常采用碱金属或者碱土金属原子，通过激光冷却技术进行原子系综的冷却和制备，从而增强物质波的相干性。物质波的相干操控技术是指通过受激拉曼跃迁、布拉格衍射等光学操控手段对物质波包进行分束、反射和合束等相干操控，或者通过磁等势场对物质波包进行导引和分束等相干操控，实现特定构型对惯性敏感的物质波干涉。目前，较为成熟的基于冷原子干涉的角速度测量一般采用激光冷却的脉冲冷原子源或者连续冷原子束作为物质波源，采用双光子受激拉曼跃迁进行物质波的相干操控，以及三脉冲或者四脉冲的原子干涉构型，实现垂直干涉面积法向的角速度测量。冷原子干涉陀螺仪工作原理图如图 119 所示，总的干涉相位 $\Delta\varphi_{\text{total}}$ 满足如下关系：

$$\Delta\varphi_{\text{total}} = k_{\text{eff}} a T^2 - 2k_{\text{eff}} (\boldsymbol{\Omega} \times \boldsymbol{v}) T^2 + \Delta\varphi^0$$

其中，k_{eff} 为拉曼光有效波矢，a 为加速度，T 为干涉时间，Ω 为转动角速度，v 为原子运动速度，$\Delta\varphi^0$ 为初始激光相位。

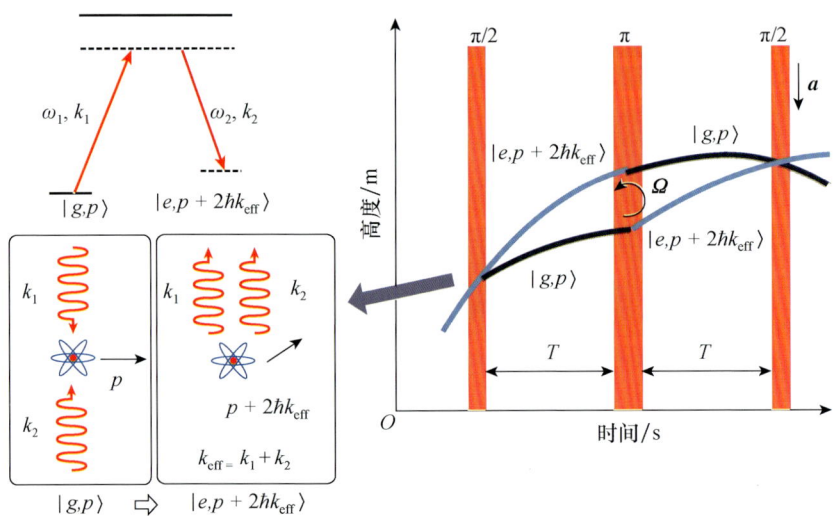

图 119　冷原子干涉陀螺仪工作原理图

为了获得闭合的萨格纳克干涉以实现对角速度的测量，通常会采用与出射速度方向相反的两个原子干涉仪进行差分来获得对角速度的测量。冷原子干涉陀螺仪具有灵敏度高和长期稳定性好的特点，在惯性导航和广义相对论验证等基础科学研究领域具有重要的应用价值。

4.14 冷原子加速度计 cold atomic accelerometer

冷原子加速度计是一种利用冷原子物质波干涉实现运动加速度测量的仪器。测量原理与冷原子干涉陀螺仪类似，目前基本上采用拉曼三脉冲干涉构型。原子的德布罗意波（de Brog Lie Wave）包代表惯性系，操控拉曼激光代表当地坐标系。拉曼激光与原子的德布罗意物质波包相互作用，实际上将拉曼激光的相位标记到原子的德布罗意波包的相位，可以理解为用拉曼激光的相位测量原子的德布罗意波包的位置，当原子的德布罗意波包分别与三个拉曼脉冲相互作用（三次测量）时，可以获得原子的德布罗意波包相对于当地坐标系的加速度。对于拉曼三脉冲干涉构型，加速度测量的敏感方向是拉曼光波矢的方向。冷原子加速度计也同样有灵敏度高和长期稳定性好的特点，在惯性导航和引力波探测等基础科学研究领域有重要的应用价值。

4.15 冷原子真空计 cold atomic vacuum gauge

冷原子真空计是一种利用冷原子与真空背景气体分子碰撞过程实现真空测量的仪器，一般由冷原子俘获分系统和动态流导法真空分系统等组成。基本测量原理是因禁于势阱中的冷原子与真空室中的中性气体分子发生碰撞，如图 120 所示，当冷原子获得的能量大于势垒阱深时，原子发生逃逸损失，通过确定原子阱深 U、原子损失率 Γ 和损失率系数 L 等参数，反演出真空度 $p=\Gamma(U)/L(U)kT$，k 是玻尔兹曼常数，T 是背景气体分子的温度。图 121 为锂冷原子真空测量系统原理示意图。冷原子超高/极高真空测量装置实物图如图 122 所示。冷原子真空计可用于行星际空间探测、高能加速器、半导体制造等高新技术领域中的超高/极高真空测量。

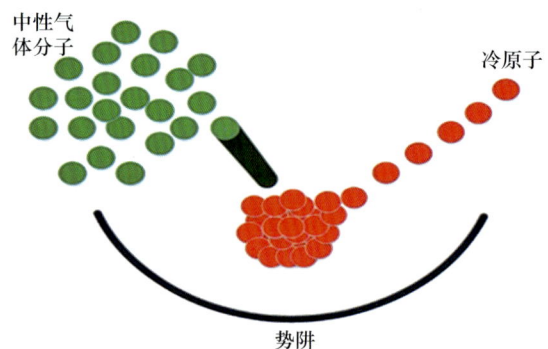

图 120　冷原子与真空室中的中性气体分子发生碰撞示意图

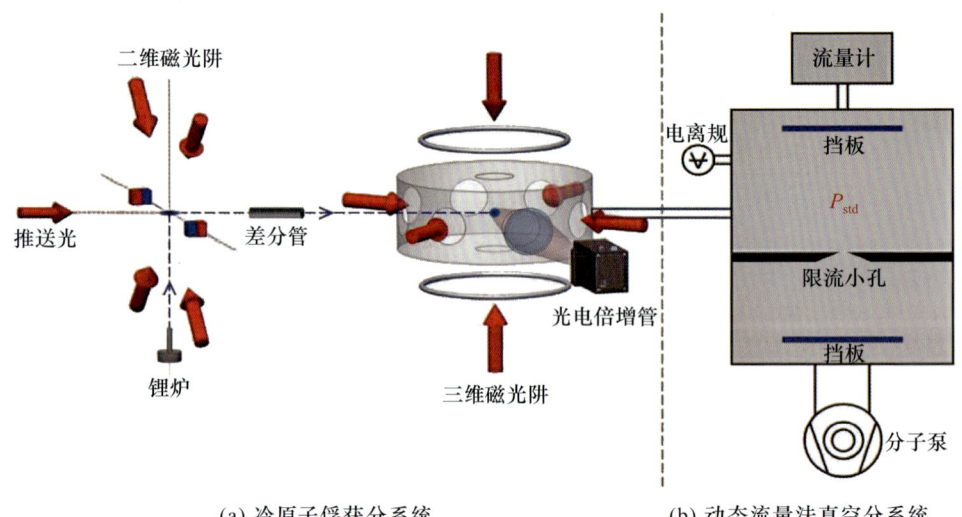

(a) 冷原子俘获分系统　　　　(b) 动态流量法真空分系统

图 121　锂冷原子真空测量系统原理示意图

图 122　冷原子超高/极高真空测量装置实物图

4 基于冷原子操控的测量

4.16 冷原子磁强计 cold atomic magnetometer

冷原子磁强计是一种利用冷原子样品为工作介质实现精确磁场测量的仪器。一般由激光系统、真空系统与电控系统组成。激光系统除了用于构成磁光阱来冷却和囚禁原子，还用于最核心的拉曼干涉操控；真空系统用于提供原子操控需要的真空环境并作为光学功能实现的重要载体；电控系统用于精确控制测量过程。磁场的测量通常需要利用磁光阱将原子囚禁在真空环境中，再通过拉曼干涉操控激光对原子的塞曼分裂能级进行操控，在被测磁场中，原子的塞曼分裂频率与磁场的大小有直接的对应关系，因此可以通过塞曼分裂能级对应的频率差来直接获得被测磁场的大小，冷原子磁强计装置示意图如图 123 所示。冷原子磁强计在高空间分辨率下具有高灵敏度的潜力。为了实现高空间分辨率的磁场测量，可以通过减少测量时间来减少原子的平均位移，从而提高空间分辨率。

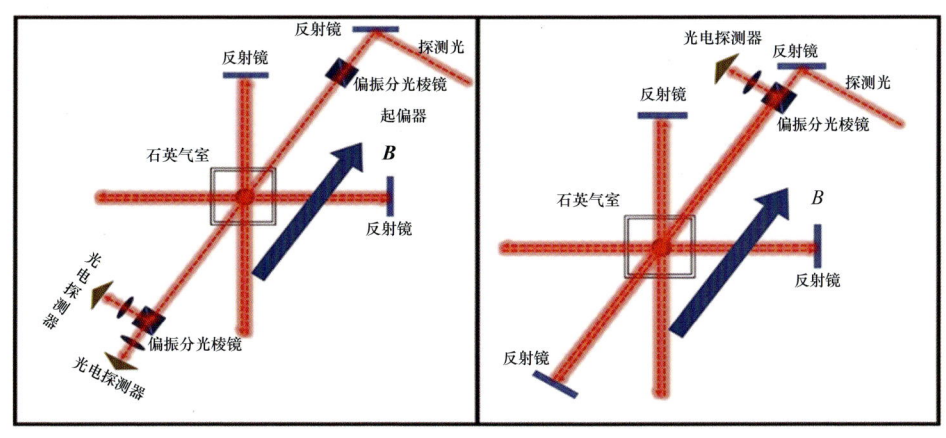

(a) 单探头光束通道和平衡偏振仪实验设置　　(b) 探测光束反向反射装置
　　　　　　　　　　　　　　　　　　　　　　　（用于减少光压力效应）

图 123　冷原子磁强计装置示意图

4.17 积分球冷原子微波钟 integrating sphere cold atom microwave clock

积分球冷原子微波钟是一种利用漫反射激光冷却原子样品为工作介质

产生精确时间（频率）信号的仪器。积分球冷原子微波钟的优势包括：由于采用冷原子，鉴频曲线线宽窄，对原子运动方向的兼容性更强，因此具有较好的长期稳定度；原子在同一腔内原位进行两次微波脉冲作用，可减小腔相移，并且物理系统易集成、结构紧凑。一个完整的积分球冷原子微波钟周期包括漫反射激光冷却、态制备、冷原子与微波拉姆塞分离场相互作用和钟信号检测等过程。由于这些过程均发生在圆柱形微波腔内的同一个位置，因此可将物理系统的体积大幅减小，相比于喷泉原子钟，其物理系统更加紧凑。同时由于各向同性光场冷却没有严格的偏振和光束准直等要求，从而使整个物理系统的结构简单且可靠。积分球冷原子微波钟如图 124 所示。积分球冷原子微波钟可作为下一代星载原子钟，包含铯和铷两种工作介质。积分球冷原子铷钟主要有碰撞频移小等优势，具有较高的准确度。

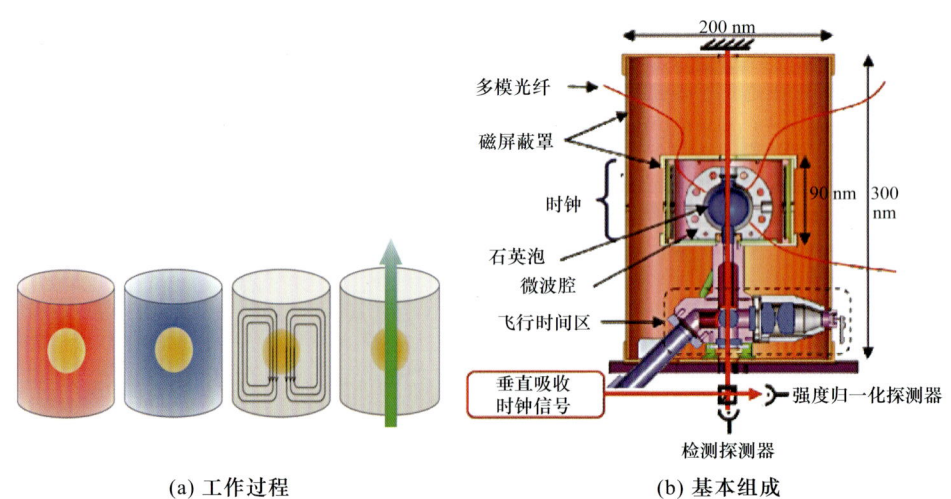

(a) 工作过程　　　　　　　　(b) 基本组成

图 124　积分球冷原子微波钟

5 基于囚禁离子的测量

5.1 电四极矩 electric quadrupole moment

电四极矩是原子核的重要性质之一,它反映了原子核电荷分布相对于球对称的偏离程度。如果电四极矩为零,表明原子核电荷分布接近球形;如果电四极矩不为零,原子核电荷分布则可能呈长椭球形或者扁椭球形。通常情况下,电四极矩相对较小。电四极矩对测量和理解原子核结构非常重要,同时可以影响原子光谱的超精细结构。电四极矩示意图如图 125 所示。

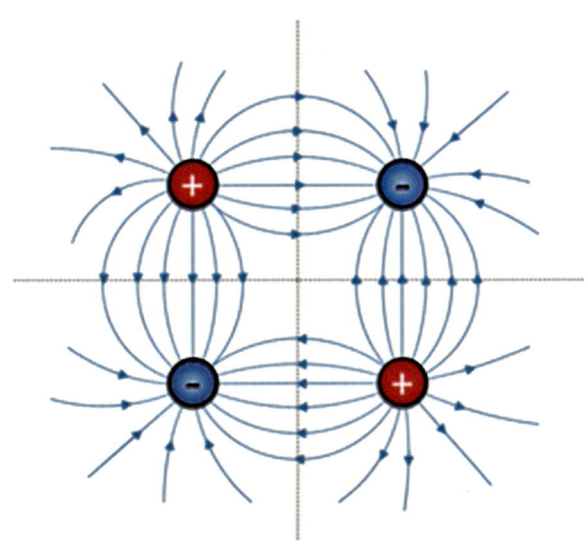

图 125 电四极矩示意图

5.2 电八极矩 electric octupole moment

电八极矩是描述分子或物体电荷分布的物理量，是一个物体电荷分布不对称时产生的偶极矩之外的一种更高阶电荷矩，它表示物体在更高阶电荷分布不对称情况下所呈现的性质。在分子内部，电子的云状结构和原子核的位置导致分子中存在更复杂的电荷分布，不仅仅局限于简单的正负电荷分离。电八极矩可以用来表示这种更复杂的电荷分布特征，以便更全面地描述分子的电性质。其离子射频电势仿真图如图126所示。

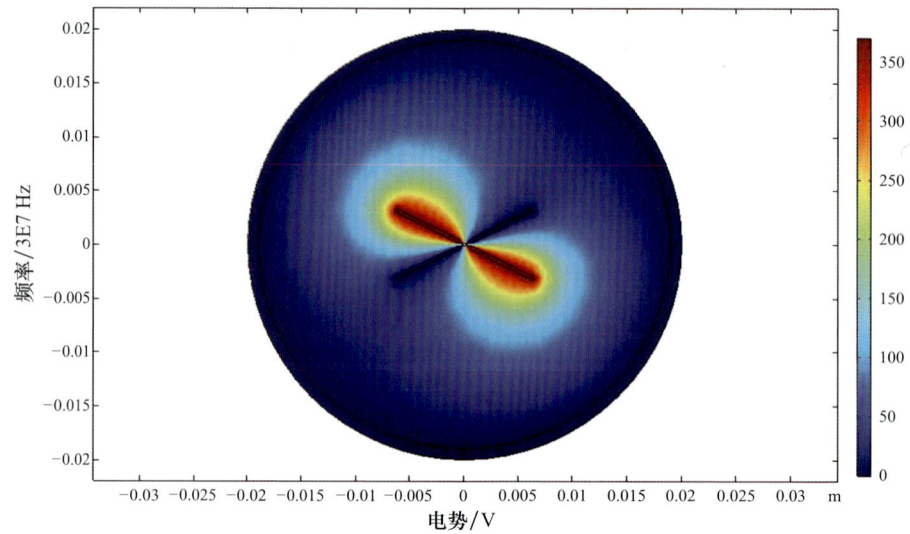

图126 电八极矩离子射频电势仿真图

5.3 离子阱 ion trap

离子阱是通过激光束、射频、静电、磁场等手段来操控离子，使离子减速并停留在特定位置的装置。离子阱已被广泛应用于科学技术研究的各个领域。尤其是近年来，离子阱作为一种强有力的工具，被大量应用于量子逻辑操作、量子计算、量子信息以及量子态制备等方面的研究。其中常见的线性双曲构型的保罗（Paul）离子阱的示意图如图127所示，离子阱实物图如图 128 所示。

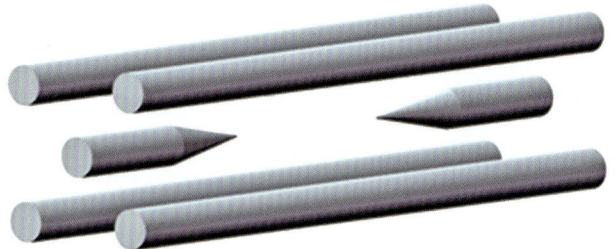

图 127　线性双曲构型的保罗（Paul）离子阱示意图

图 128　离子阱实物图

5.4　离子囚禁　ion trapping

离子囚禁是基于量子力学原理，用于控制和操纵离子的方法，通常涉及使用电磁场来限制和操纵离子的运动，将离子束缚在空间的特定区域内，以对离子进行精确的研究和实验。离子囚禁通常利用离子在电场和磁场中受力的特性。离子囚禁常见的方法之一是使用电场来限制离子的运动，通过在离子周围产生局部电场来使离子受到束缚。这种方法通常涉及使用电极和外加电场来精确控制离子的位置和运动轨迹。另一种常见的方法是用激光束来操控离子，例如通过激光冷却使离子减速并停留在特定位置。囚禁 Yb⁺ 离子云如图 129 所示。

图 129　囚禁 Yb⁺ 离子云

5.5　离子云的分子动力学模拟　molecular dynamics simulation of ions

离子云的分子动力学模拟是研究离子系综的一种有力工具，其理论源于数学、物理学和化学，算法来自计算机科学和信息理论。离子云的分子动力学模拟建立在经典的运动学基础之上，首先对离子进行受力分析，然后利用微分迭代算法逐步得到离子的位置、速度和加速度信息，直至离子系综达到稳定状态。这种方法能够直接给出离子随时间的演化过程，通过与实验结果的比对，可以提取离子温度、离子数等实验难以获取的信息，并协助解释实验结果以及揭示实验背后的隐藏细节等。采用分子动力学模拟的大型离子云如图 130 所示。

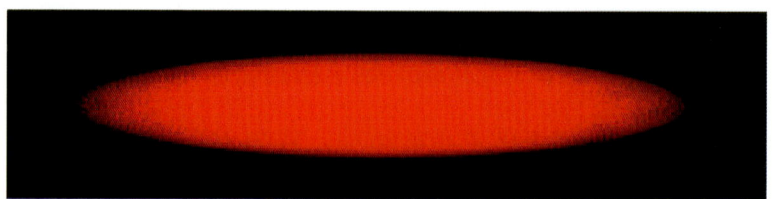

图 130　分子动力学模拟的大型离子云

5.6　汞离子微波钟　mercury ion microwave clock

汞离子微波钟工作原理如图 131 所示。汞离子微波钟将作为工作介质的汞离子通过加在特定构型电极上的静电、磁场和射频场构成的离子阱的作用，约束在超高真空的甚小尺度范围内，然后利用汞离子跃迁产生的鉴频信号，将晶振频率锁定在频率非常稳定、谱线 Q 值极高的离子跃迁谱线上，产生超稳信号。汞离子微波钟结构如图 132 所示，汞离子微波钟内部实物图如图 133 所示。

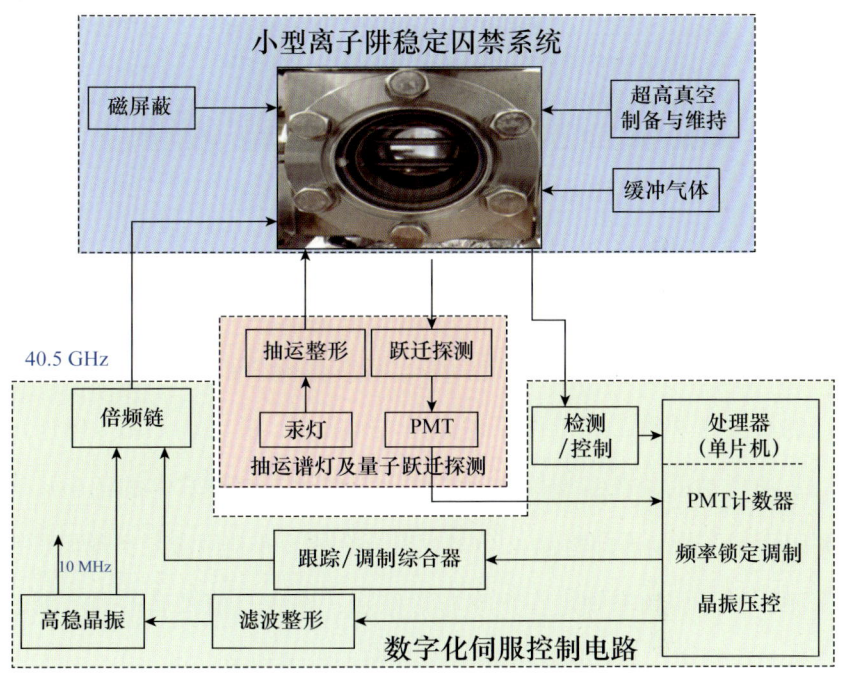

图 131　汞离子微波钟工作原理

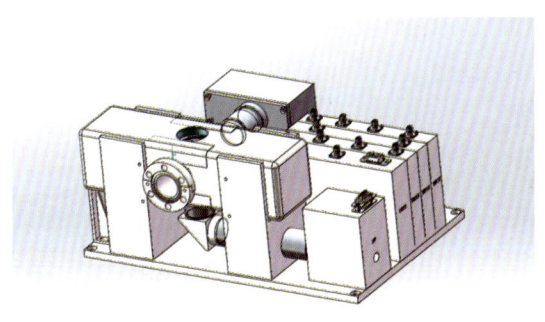

图 132　汞离子微波钟结构

图 133　汞离子微波钟内部实物图

5.7　镉离子微波钟　cadmium ion microwave clock

镉离子微波钟是以镉（^{113}Cd）离子基态超精细跃迁（15.2 GHz）作为钟跃迁的微波原子钟，其工作原理如图 134 所示，其结构如图 135 所示。镉（^{113}Cd）离子被囚禁在线型保罗离子阱中，约束在超高真空的甚小尺度范围内；利用激光多普勒冷却将镉（^{113}Cd）离子冷却，并利用激光实现离子钟跃迁信号探测，将晶振频率锁定在频率非常稳定、谱线 Q 值极高的离子跃迁谱线上，产生超稳频率信号。镉离子微波钟的短期频率稳定度可达 $3.5 \times 10^{-13}/\sqrt{\tau}$，长期频率稳定度达到 $2.3 \times 10^{-14}/$（4000 s），频移不确定度达到 1.5×10^{-14}。

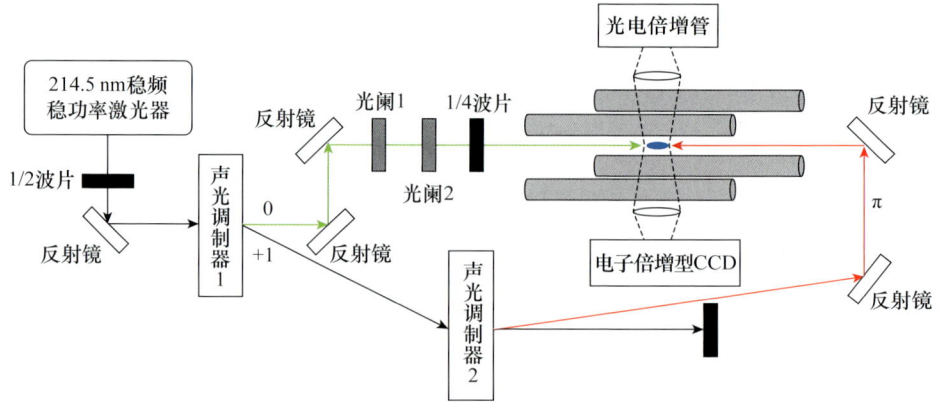

图 134　镉离子微波钟工作原理

图 135 镉离子微波钟结构

5.8 镱离子微波钟 ytterbium ion microwave clock

镱离子微波钟的钟信号来源于 171 号同位素镱离子的 $^2S_{1/2}(F=0,m_F=0) \leftrightarrow {}^2S_{1/2}(F=1,m_F=0)$ 能级跃迁，超精细能级分裂频率测定为 12.642 812 118 468 2(4) GHz，较大的跃迁能级可以带来较高的预期性能。镱离子微波钟的实现分为缓冲气体冷却和激光冷却两种技术路线。其中，激光冷却镱离子微波钟的短期频率稳定度当前可达 $8.5 \times 10^{-13}/\sqrt{\tau}$，长期频率稳定度可达到 10^{-15} ($t>10^4$ s)，不确定度优于 2×10^{-15}，其工作原理如图 136 所示。镱离子冷却和探测（369 nm、935 nm）仅需半导体激光器，半导体激光器商业化程度高，具有造价低、抗干扰能力强的特点，其实物图如图 137 所示。因此，镱离子微波钟具有小型化前景，成为下一代实用微波钟的候选。

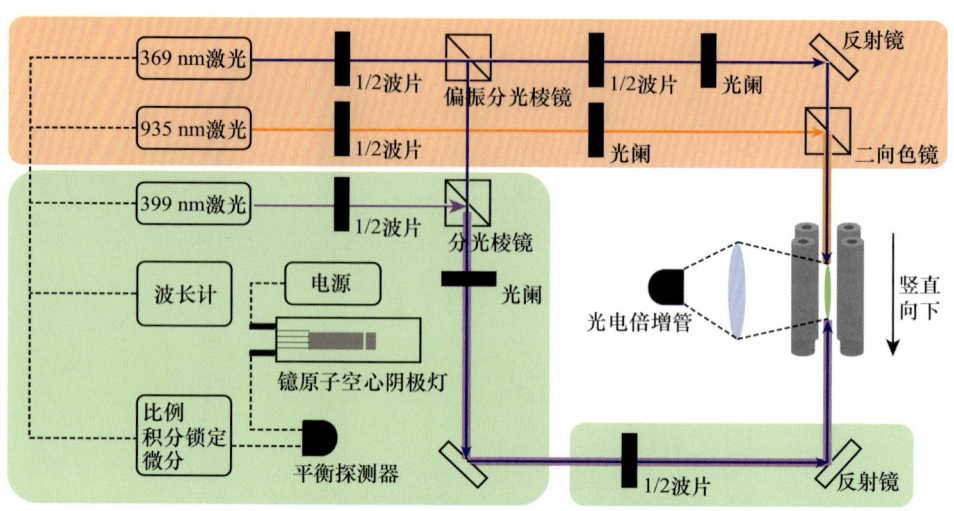

图136　激光冷却镱离子微波钟工作原理

图137　激光冷却镱离子微波钟实物图

5.9　汞离子光钟　mercury ion optical clock

汞离子光钟是把激光频率锁定到汞离子光学频段的量子跃迁频率（约

10^{15} Hz）的新型量子频标。汞离子光钟能级如图 138 所示。汞离子光钟关键技术主要包括离子阱技术和飞秒（10^{-15} s）脉冲激光频率梳技术。为实现汞离子光钟锁定和频率输出，一个锁相环通过控制飞秒激光器的泵浦功率来锁定频差 f_{CEO}，另一个锁相环通过调节飞秒激光器的腔长来锁定光梳模与汞离子的标准频率的拍频 f_b。通过以上两个锁相过程，飞秒光梳具有和汞离子光跃迁频率一样的稳定度，从而实现了实用的离子光钟。美国国家标准与技术研究院（National Institute Standard Technology，NIST）研制的汞离子光钟的短期频率稳定度可达 $7 \times 10^{-15}/\sqrt{\tau}$，长期频率稳定度达到 3×10^{-16}/（1000 s），系统不确定度最高水平达到 5×10^{-17}。由于汞离子光钟用于产生钟跃迁的离子数目非常少，容易受到外界干扰，所以发展星载钟较为困难。但是由于汞离子光钟的频率稳定度极高，可以在深空探测和基础物理实验中得到应用。

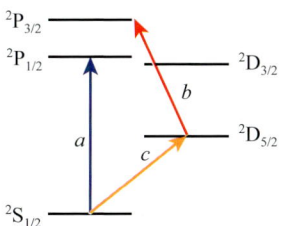

图 138　汞离子光钟能级

5.10　镱离子光钟　ytterbium ion optical clock

镱离子光钟具有两条作为次级秒定义的钟跃迁谱线（电四极跃迁 E2 或电八极跃迁 E3），其 E3 跃迁上能级寿命超长，自然线宽在纳赫兹量级，对外场扰动敏感度极低，其工作原理如图 139 所示。通过将单个离子囚禁于静电场和射频场构成的振荡电场中，进一步压制各种系统频移（如黑体辐射频移、离子的运动频移、电四极频移、塞曼频移、激光功率引起的斯塔克频移等），有望研制不确定度达到 10^{-18} 量级的光钟，支撑开展更高准确度的精密测量验证实验。同时，镱离子相对原子质量大且冷却激光波长接近与背景气体反应生成分子离子（YBH^+）的解离波长，因此，镱离子具有较长的存储时间，可以实现长期稳定运行。

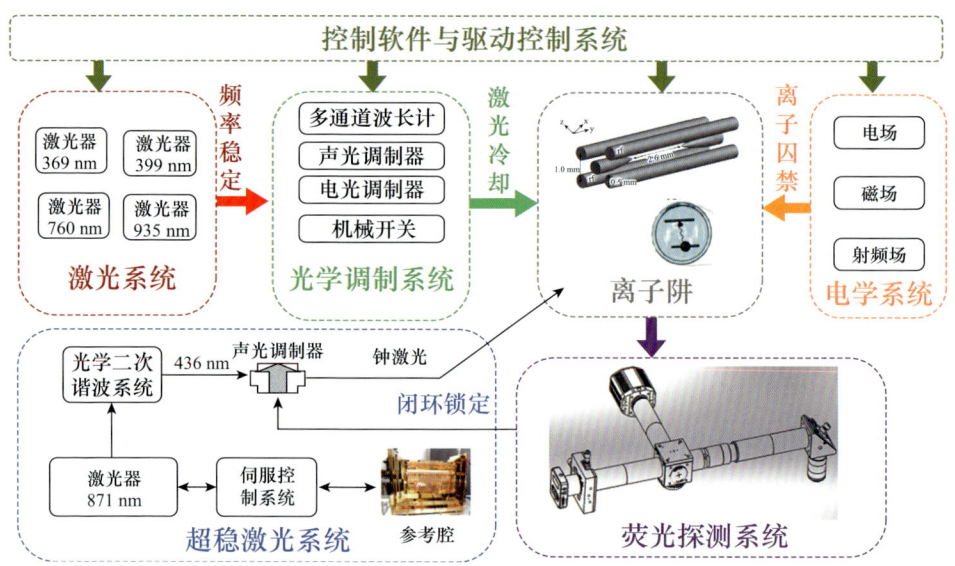

图 139　镱离子光钟工作原理

5.11　钙离子光钟　calcium ion optical clock

钙离子光钟是一种工作在光频段的高准确度原子钟。它由囚禁单个钙离子系统、超稳激光系统和飞秒光梳系统三大部分组成。其中，超高真空环境中的射频离子阱囚禁单个钙离子并采用激光将其冷却，利用线宽频率在 1 Hz 左右的 729 nm 超稳激光探询钙离子的钟跃迁谱线，最后以该谱线为参考对超稳激光的频率进行反馈锁定，以保证超稳激光频率和钙离子的钟跃迁谱线的频率保持长期稳定跟踪，形成稳定而准确的光学频率参考。钙离子光钟原理如图 140 所示。目前，钙离子光钟的频率稳定度和系统频移不确定度都优于铯喷泉原子钟（国际秒定义的复现装置）1 个量级以上，成为二级秒定义。同时，钙离子光钟相对简单使得它适合研制高准确度的小型化可移动光钟，满足时频体系的建设发展以及光钟大地测量等方向的重大需求。

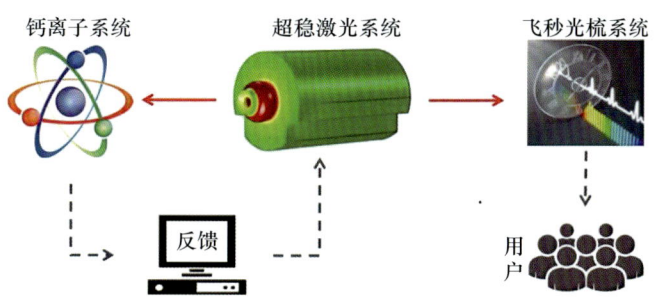

图 140　钙离子光钟原理

5.12　铝离子光钟　aluminium ion optical clock

铝离子光钟是选择单个囚禁的 Al^+ 为研究对象，利用线性离子阱选择性囚禁单个 Ca^+ 离子和 Al^+ 离子，通过激光多普勒冷却将单个 Ca^+ 离子冷却到极限，再用拉曼光将 Ca^+ 离子进行边带冷却，使其冷却到振动基态。根据协同冷却原理，通过两个离子的模式耦合，在离子阱中实现以 Ca^+ 离子冷却 Al^+ 离子。选择超冷的单个 Ca^+ 离子作为逻辑离子，而 Al^+ 离子则作为光钟的光谱离子，实现离子的冷却、态制备和光钟跃迁的读出。铝离子量子逻辑光钟原理如图 141 所示。将一台线宽为赫兹水平的超窄线宽光钟探测激光器频率锁定在离子参考谱线上，实现单个 Al^+ 离子逻辑光频标。用飞秒光梳测量装置可以实现对铝离子光钟频率的测量，铝离子光钟频率不确定度当前已进入 10^{-19} 量级。

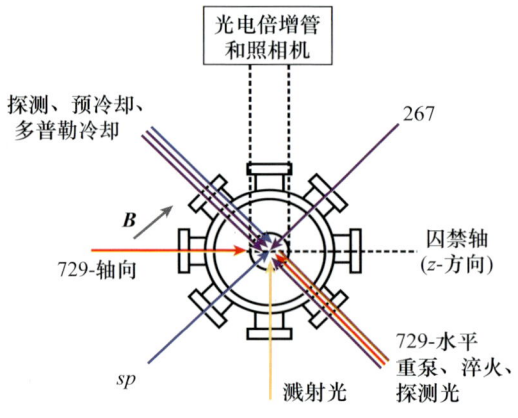

(a) 系统原理示意图

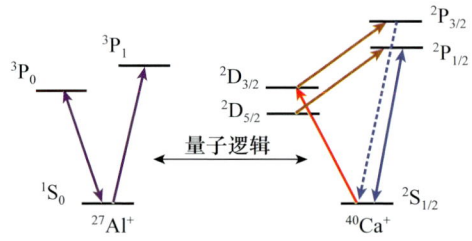

(b) 相关能级图

图 141　铝离子量子逻辑光钟原理

6 基于光量子体系的测量

6.1 纠缠光子 entangled photon

在量子力学里,当两个或多个基础粒子在彼此相互作用后,由于各个粒子所拥有的特性已综合成为整体性质,无法再单独描述各个粒子的性质,称这种现象为量子纠缠(quantum entanglement)。量子纠缠是一种纯粹发生于量子系统的现象,在经典力学里,找不到类似的现象。由于光子具有良好的可操作性,研究人员常制备纠缠光子对,验证量子力学特性。假设一对沿着不同方向传播的纠缠光子对,用其中一个光子测量偏振,若得到结果为左旋,则另外一个光子测量的偏振结果必定为右旋,假如得到的结果为右旋,则另外一个光子测量的偏振结果必定为左旋。纠缠光子概念图如图142所示。粒子的纠缠特性是整个量子计量体系的重要特性之一,可利用光子的纠缠特性进行操控和精确测量。

图142 纠缠光子概念图

6.2 散粒噪声极限 shot noise limit

散粒噪声是一系列的光子按照一定的概率分布(波函数)被探测器捕获,由于量子涨落而形成的噪声,即观测中携带能量的光子数量太少而引发的数据读取中可观测到的统计涨落。如果不引入量子力学的优化手段，系统的测量准确度最终被限制到海森伯不确定性原理，称之为散粒噪声极限或标准量子极限。量子涨落形成的散粒噪声会对光探测过程信噪比、误码率、图像质量、接收距离等方面产生影响。

6.3 自发参量下转换 spontaneous parametric down-conversion，SPDC

参量过程是一种量子态的演进过程，就其量子力学过程而言，系统的初始态和最终态是相同的。因此，在参量过程中，布居数只能驻留在量子化的能级中，通过泵浦或弛豫过程在能级间演化。作为参量过程的一种，自发参量下转换在能量守恒定律和动量守恒定律的约束下，将一个高能量光子（即泵浦光子）转换成一对低能量光子（即信号光子和闲频光子），是量子光学中产生纠缠光子对和单光子的重要过程。自发参量下转换产生原理如图143所示。自发参量下转换可应用于纠缠光源产生、可见-近红外波段红外光辐射绝对定标等关键技术，其用于解决空间光学系统的在轨校准、单光子探测器量子效率定标、量子通信光源和量子态层析等难题。

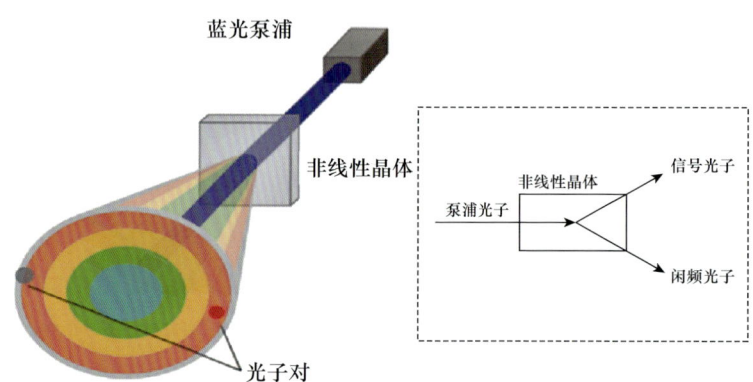

图143　自发参量下转换产生原理

6.4 受激参量下转换 stimulated parametric down-conversion

区别于自发参量下转换，受激参量下转换引入一组额外的辅助光源，通过更加精细的四波混频过程，实现对输出纠缠光子对波长的控制，受激参量下转换产生原理如图 144 所示。基于受激参量下转换的中红外相关光子产生装置实物图如图 145 所示。该技术可以实现稳定的中长波红外光子源出射，应用于隐身目标红外辐射的高准确度校准、军用目标红外辐射外场校准等场景。

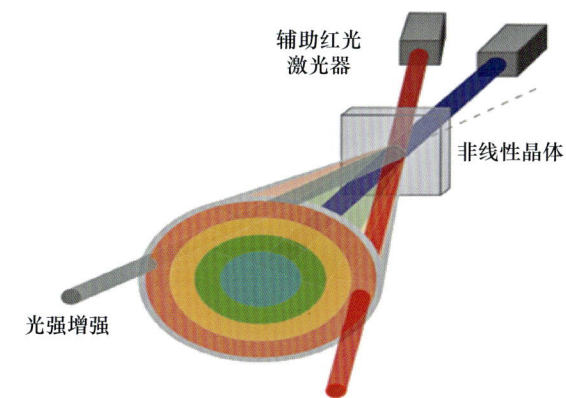

图 144 受激参量下转换产生原理

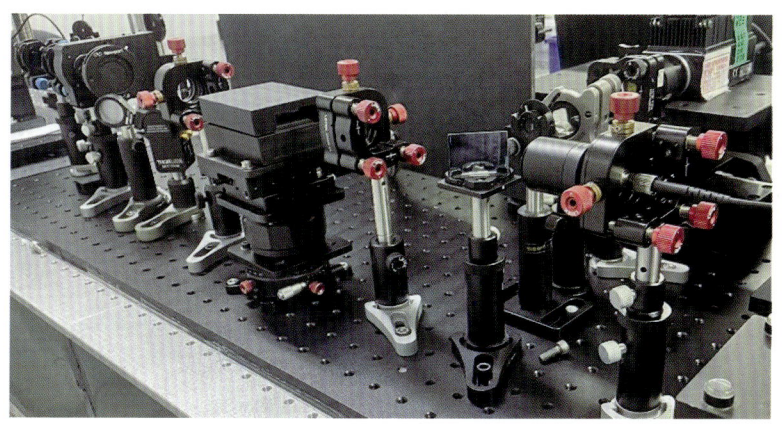

图 145 基于受激参量下转换的中红外相关光子产生装置实物图

6.5 量子点 quantum dots，QDs

量子点是一类尺寸在纳米量级的半导体材料，具有量子限域特性；量子点材料中载流子的运动在三个空间维度上均受到限制，电子能量在三个维度上都是量子化的，并且随着量子点尺寸的减小，其分立的能级间距也会变大，进而表现为荧光发射波长蓝移。该类材料可采用物理或化学制备法合成。以典型的 CdSe 量子点为例，如图 146（a）所示，随着量子点尺寸减小（图示方向为从右至左），量子点的发光颜色从长波逐渐移到短波，表现为从红色到蓝绿色的变化；其相应的透射电子显微镜图如图 146（b）所示，表征了其形貌特征。因此，可以通过改变量子点的尺寸和组成实现对量子点发射光谱的调控，为其在量子精密测量与传感等领域的应用提供基础。

(a) 不同尺寸 CdSe 量子点的分散液在紫外光照射下的发光照片

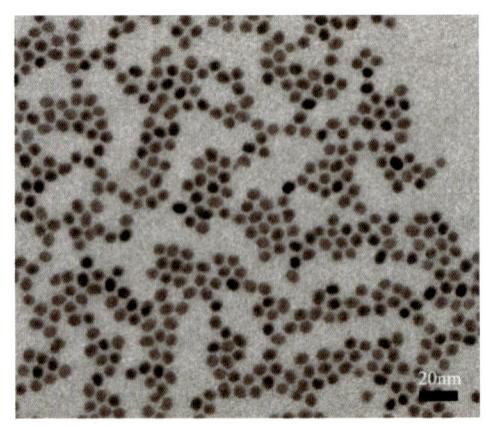

(b) CdSe 量子点的透射电子显微镜图

图 146　CdSe 量子点的发光照片及透射电子显微镜图

6 基于光量子体系的测量

6.6 单光子-线性跨模式光强测量 intensity measurement based on single-photon linear cross mode

单光子-线性跨模式光强测量采用同一个光电探测器件可以实现从单光子水平微弱光到线性光电探测器能响应的光信号功率或能量的测量。该项技术通常采用雪崩光电二极管，使其工作在不同增益的盖革模式或线性模式，输出大动态范围的光信号，实现单光子、线性两种模式的光强功率或能量的测量。当直流偏置电压低于雪崩光电二极管（avalanche photodiode，APD）的雪崩点电压时，APD 工作在线性模式，用于探测强光子脉冲；当直流偏置电压高于 APD 的雪崩点电压时，APD 工作在光子计数的盖革模式，实现单光子光强功率和能量的测量。单光子-线性跨模式光强测量原理如图 147 所示。该项技术可用于光强计量研究和光量子计量设备研制。

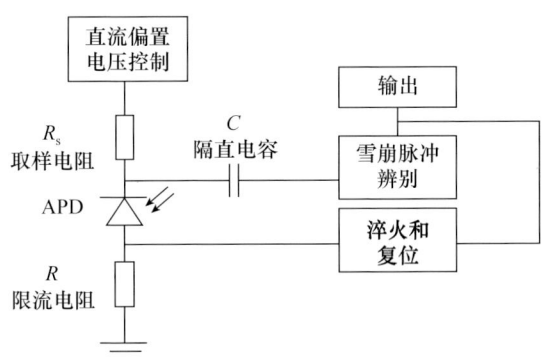

图 147　单光子-线性跨模式光强测量器原理

6.7 基于光子动量的力学测量 mechanical measurement based on photon momentum

光子没有质量，但具有动量这一内禀属性。激光照射反射镜，在动量守恒的作用下，一部分光子动量转化为反射镜位移量，基于此可以实现对高能激光的无损在线监测、微小位移量与激光能量的耦合。该技术可用于力值等力学参数的精密测量。光子与电子碰撞示意图如图 148 所示。

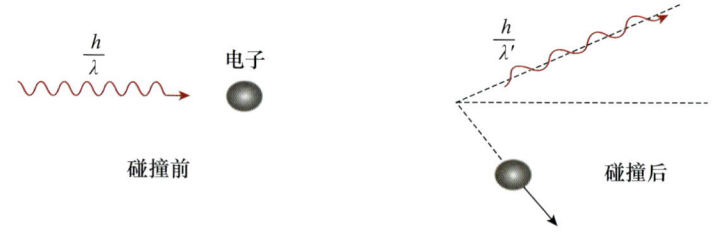

图 148　光子与电子碰撞示意图

6.8　腔光机械耦合　cavity optomechanics coupling

腔光机械耦合由一个光学谐振腔和一个纳米机械振子相互作用耦合。在该系统中，腔内光场的辐射电压作用在机械振子上，使机械振子在本征频率附近做自由振动，该振动又反过来对光场的频率有调制作用。腔光机械系统原理如图 149 所示。腔光机械耦合具有多种独特的特性，如超高品质因子、超高频率、超轻有效质量、超高灵敏度等。可用于力、位移的探测和精密测量，以及极弱力测量装置和加速度计等高端仪器的研制。

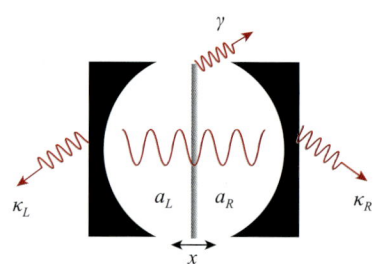

图 149　腔光机械系统原理

6.9　单光子关联成像　single-photon correlation imaging

由光源发射出一束光脉冲，经过分束器后分成两路，一路直接由面阵探测器扫描并记录为 T，记录的是光场的二维图像信息，作为参考光路；另一路发射至物体，即为探测光路，经过物体反射或者透射后的光由桶探测器（单点探测器，仅记录光场的强度信息）探测并记录为 B。每一束光脉冲都可得到对应的二维图像信息 T 和强度信息 B，多次重复上述步骤后，通过光场信号的二阶关联成像公式运算，即用光场的强度信息来计算，得到远场目标的图像。光子关联成像原理如图 150 所示。随着单光子探测技术发展，光子关联成像适用于更远距离的成像。该技术可用于量子关联成像雷达等高端仪器研制。

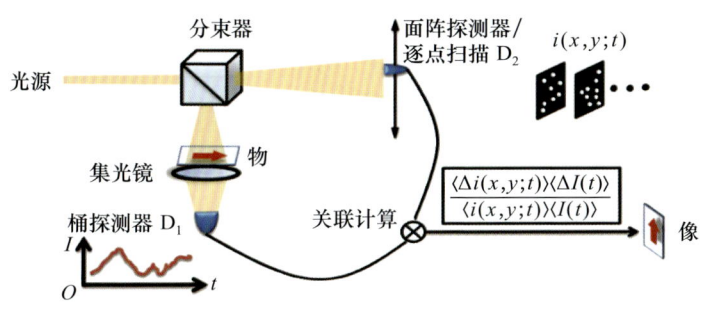

图 150　光子关联成像原理

6.10　符合计数成像　coincidence count imaging

符合计数成像是光子关联成像的一种，系统产生纠缠光子对，其中一束存储在本地，另一束照射目标后与本地光子进行符合计数，得到目标的灰度信息。符合计数成像技术原理如图 151 所示。不同于经典光成像方法，基于纠缠光子对的符合计数成像利用纠缠光子对的空间关联特性，在信号与参考光路之间建立空间映射关系，并由此实现对目标的高分辨率成像。该技术是下一代穿云透雾成像、非视域成像、量子雷达等作战装备领域的基础，可用于计量级测量设备的研制。

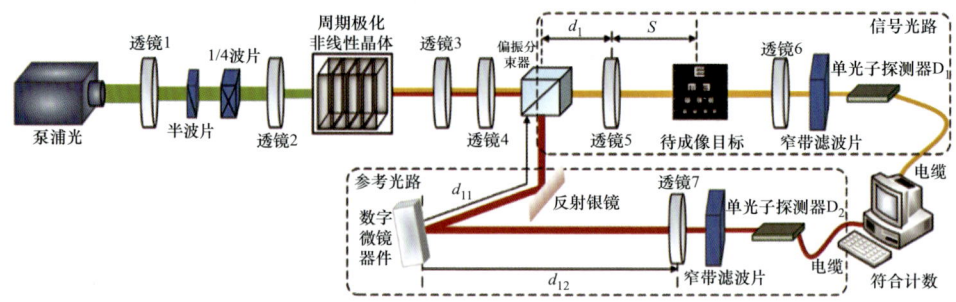

图 151　符合计数成像技术原理

6.11　基于量子点的湿度测量 humidity measurement based on quantum dot

量子点对周围环境的湿度变化极为敏感，这种敏感性源自量子点大的表面积与体积比，以及表面电子态对 H_2O 分子的强烈吸附作用。除此之外，由于量子点尺寸与激发态电子的轨迹半径相近，载流子运动受限，在较大尺度下相同材料连续的能带转变为准分立类分子能级，因此量子点具有特异的吸光性和在激发后能产生一定波长荧光的特点，如图 152 所示，基于 CdTe 量子点的湿度传感器原理示意图。

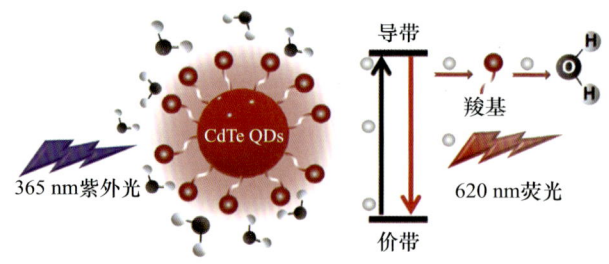

图 152　基于 CdTe 量子点的湿度传感器原理示意图

基于量子点的湿度测量技术正在经历从基础物理探索到材料合成和器件研发的过程。传统的湿度测量校准方法虽然成熟，但在灵敏度、准确度、响应时间和长期稳定性方面存在很大局限，对于极低露点的测量更是面临难以攻克的技术壁垒。随着新型量子点材料的不断发现和合成技术的进步，基于量子点的湿度测量技术涌现，其在湿度测量校准方面的优势与新型装备对湿度参数超低量值、超高灵敏度的计量校准需求契合，可为新型装备研制提供技术支撑。

6.12 光纤陀螺 fiber optic gyroscope

光纤陀螺是一种基于萨格纳克效应的角速度传感器，是惯性导航和姿态测量系统的关键部件。光纤陀螺有干涉式和谐振式两种，干涉式光纤陀螺是目前主流方案，包含光源、耦合器、Y波导、光纤环与探测器。光源出射的光波经过耦合器和Y波导后，分为顺时针和逆时针偏转的两束光分别进入光纤环，在萨格纳克效应作用下，顺、逆时针光波之间的相位差正比于载体旋转角速度。因此，通过检测该相位差即可得到载体旋转角速度。光纤陀螺原理与实物图如图153所示。光纤陀螺具有结构简单、无机械转动部件、体积小、重量轻、长寿命等优势，在导弹、飞机、卫星、舰艇等载体中广泛应用。

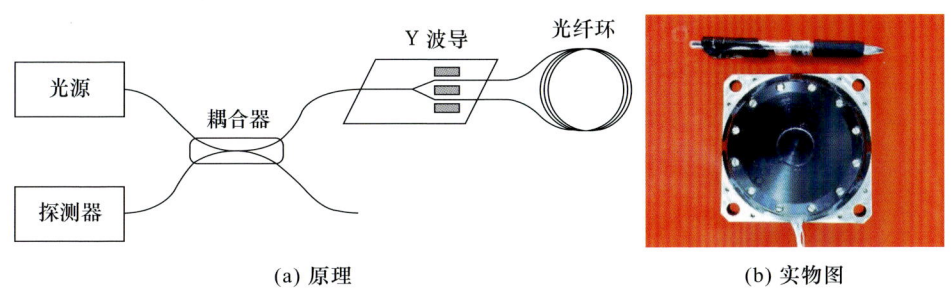

(a) 原理　　　　　　　　　　(b) 实物图

图153　光纤陀螺原理与实物图

6.13 芯片惯性标准 chip-scale inertia standard

芯片惯性标准是将基于量子原理的芯片级角速度和加速度标准集成在一个芯片上，形成一个芯片级惯性标准。具体实现方式可以采用基于微腔光子芯片的角速度和加速度集成标准，也可以采用片上冷原子干涉的角速度和加速度集成标准,或者采用其他量子原理集成芯片角速度和加速度的芯片惯性标准。芯片惯性标准具有体积小、准确度高、稳定度高等特点。芯片惯性标准可用于战术级飞行器、机载惯性传感器等设备的嵌入式、在线校准测试。

6.14 芯片波长标准 chip-scale wavelength standard

芯片波长标准将芯片级半导体激光器的波长锁定在微型原子气室内原子跃迁频率上,形成高准确波长标准。原子蒸气被限制在约 1 mm 的硅玻璃容器中,可调谐激光器扫描狭窄的频率范围,寻找发生原子跃迁的精确频率,然后通过反馈系统将激光器频率锁定在该频率上。芯片波长标准原理和实物图如图 154 所示。芯片波长标准具有体积小、准确度高、稳定度高、易于携带等特点。芯片波长标准作为一种集成化的稳频光源,可用于高准确度干涉测量、微型量子导航系统、智能制造以及量子通信等领域。

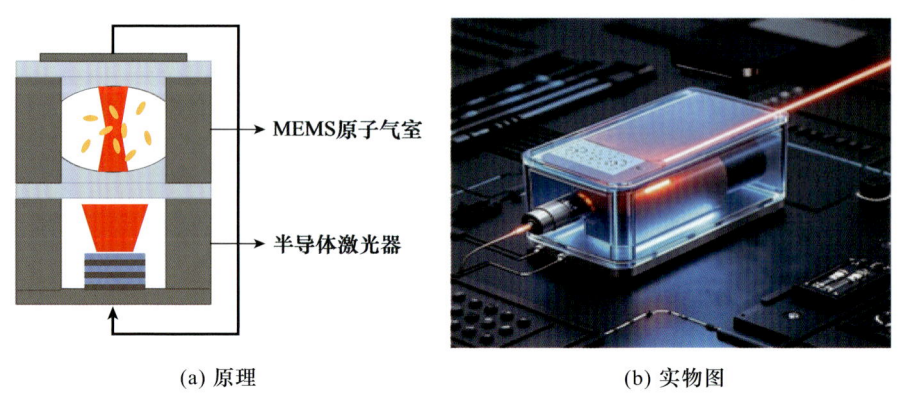

(a) 原理　　　　　　　　　　(b) 实物图

图 154　芯片波长标准原理和实物图

6.15 芯片光钟 chip-scale optical clock

芯片光钟是一种基于光频跃迁的新型光钟,其系统由本振光、微型原子气室和微腔光频梳组成。光钟部分基于原子探测系综,具有结构简单、易于集成的特点。通过原子跃迁谱线产生和检测机制,抑制由原子多普勒效应带来的谱线展宽,提升光谱探测准确度,进而提升光频标系统的稳定度指标。微腔光频梳将光频转化为微波频率,实现高稳定度时钟信号输出。芯片光钟原理如图155所示。目前,结合微小型激光系统和微型气室,芯片光钟具有高度集成化的潜力,可广泛应用于微型量子导航系统、量子通信等领域。

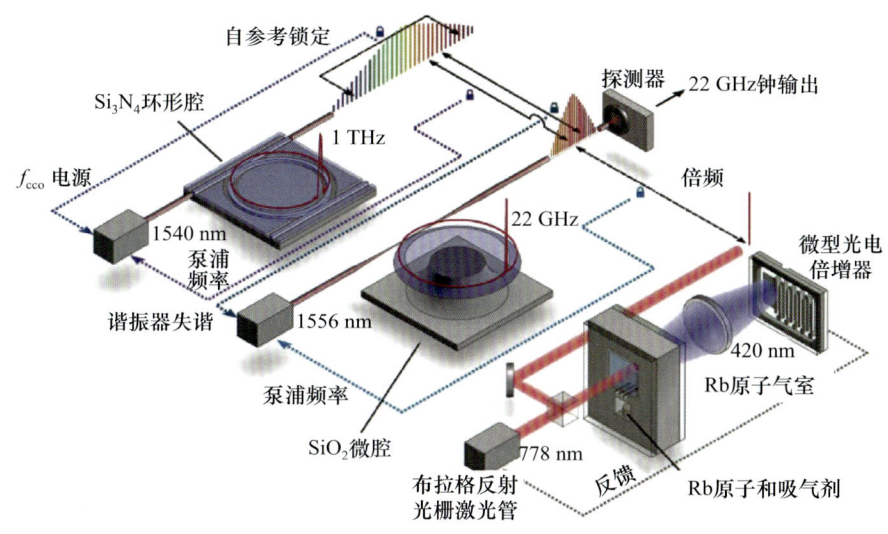

图 155　芯片光钟原理

6.16　基于压缩光的角振动测量　measurement of angular vibration based on squeezed light

角振动是旋转振动或扭转振动,用角位移、角速度和角加速度等参数来描述,对应的载荷是力矩或扭矩。角振动测量装置由角振动激励源和角振动测量系统构成。角振动台产生往复的机械旋转振动,即角位移、角速度、角加速度。利用压缩态光源测量系统测得角振动参量,同时测得被校角振动传感器或者角振动测量仪器的信号输出,得出被校传感器或者测量仪器的性能,能够有效提升惯性系统等的动态性能参数。基于压缩场的平衡零拍位移测量如图156所示。压缩态光源在引力波测量、位移测量、时间测量、生物测量等领域也有着重要应用。

6.17 基于光量子谐波的光学相位测量 measurement of optical phase based on photonic harmonic

传统干涉仪受到散粒噪声的影响，其测量准确度受到量子极限的约束。涡旋光子的二次谐波激发在能量守恒、动量守恒以外还遵循相位守恒原则，该过程是一类量子增强的过程，可突破量子极限，实现相位信号的无损放大。通过级联二次谐波生成过程，偏振干涉仪中两种偏振模式之间的相对相位差被相干放大四倍。这表明这些扩增过程可以被循环利用，因此，有可能实现更多数量的多重扩增步骤。级联四倍放大光路原理如图157所示。该技术是高精度镜头面型测量、半导体器件形貌测量等无损检测技术的基础，可推动微纳加工测量技术的发展。

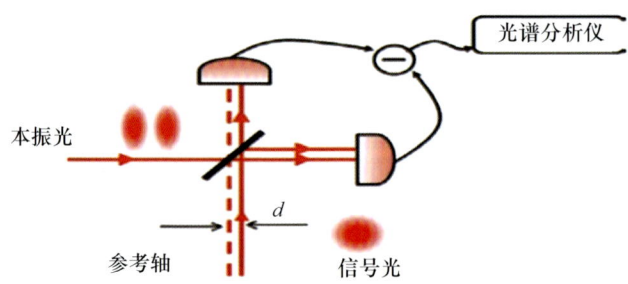

图156　基于压缩场的平衡零拍位移测量

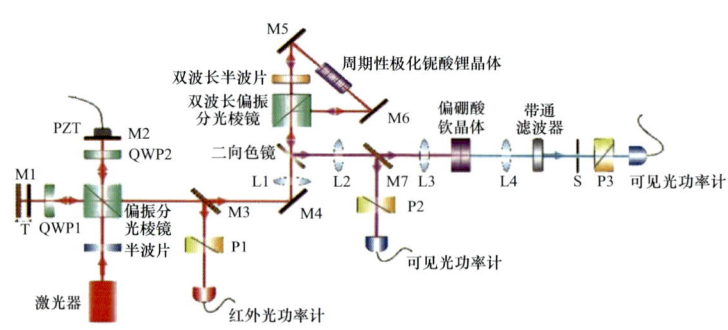

图157　级联四倍放大光路原理

6.18 单光子雷达 single-photon radar

单光子雷达是采用单光子探测器探测回波光信号的激光雷达，又被称为单光子激光雷达。该项技术采用单光子探测器，将光信号探测灵敏度提升至单光子水平，通常指采用脉冲激光和飞行时间测量方法的激光测距雷达和激光成像雷达。不同于传统激光雷达，单光子雷达通过对回波光信号进行时间累积恢复出回波信号的离散波形，获取目标距离与反射率信息。典型共轴单光子雷达系统如图158所示。该技术可用于远距离目标或三维图像的探测，也可用于激光测绘和目标探测等设备的研制。

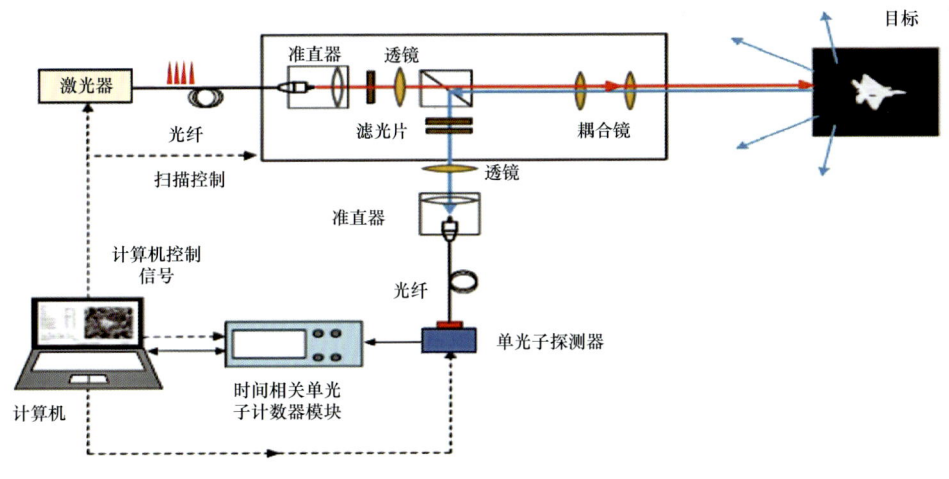

图 158　典型共轴单光子雷达系统

6.19 光子效应超痕量气体成分测量　measurement of ultra-trace gas composition based on photon effect

光子效应超痕量气体成分测量主要利用光子与气体分子的相互作用（如吸收、散射、荧光等），通过分析光子特性的变化来实现对超痕量气体成分的检测。光子效应超痕量气体成分测量如图159所示。该技术具有测量准确度高、灵敏度高等特点，可用于军用芯片制备过程中气体质量的监控、航空发动机燃气成分及浓度的监测、无人载具气体超灵敏检测等。

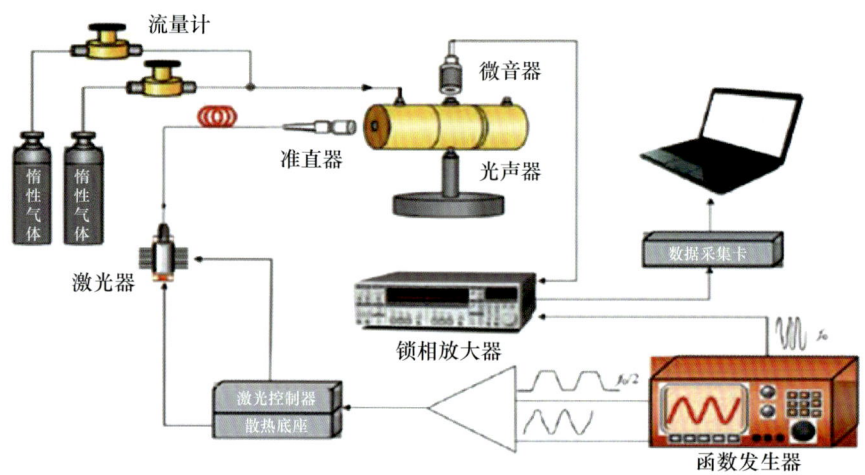

图 159　光子效应超痕量气体成分测量

6.20　微腔光子温度测量　temperature measurement based on microcavity photon

微腔光子温度测量利用了硅基微腔，包括微环、布拉格光栅、一维微孔光子晶体等多种几何结构，当光学微腔温度发生变化时，热折变效应改变材料及腔体折射率，热弹效应改变谐振腔长度，由上述效应引起的透射光谱谐振峰中心波长偏移，通过在待测温度下测量腔体透射峰位置，即可实现温度传感。硅基微环光子温度计器件结构如图 160 所示。该技术可用于毫开尔文级分辨率、非电学接触式、便携式测温标准等高端仪器的研制。

6.21　光量子陀螺　optical quantum gyroscope

光量子陀螺是一种基于量子操控技术的高精度角速度传感器，其核心机制在于利用光子量子态（例如，纠缠态、压缩态）的非经典特性，结合萨格纳克效应实现旋转测量。在环形光路中，顺、逆时针传播光因旋转产生相位差 $\Delta\varphi = 4\pi R^2 \Omega/(\lambda c)$，其中 R 为光路半径，Ω 为角速度，λ 为光波长，c 为光速，通过量子噪声抑制与非线性量子干涉等机制进一步突破标准量子极限,显著提升灵敏度与精度。量子增强型角速度测量原理如图161所示。光量子陀螺的应用涵盖航天器深空自主导航、地壳微形变监测、量子惯性导航,以及广义相对论效应验证等前沿领域。

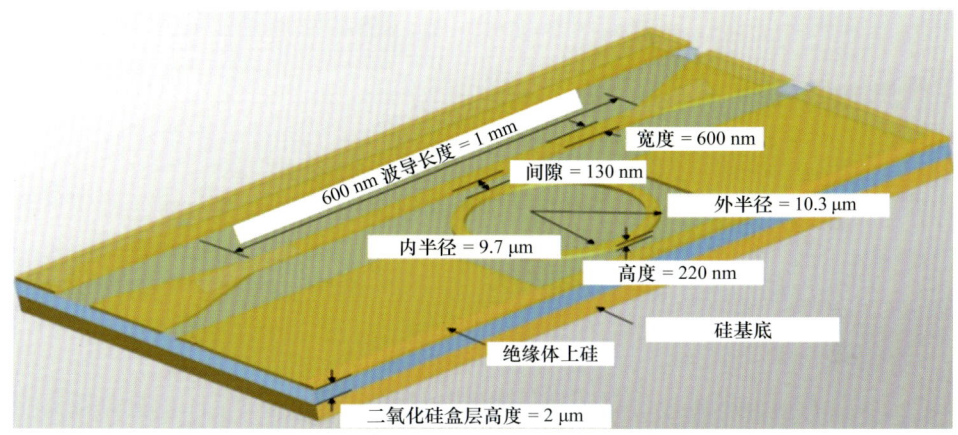

图160 硅基微环光子温度计器件结构

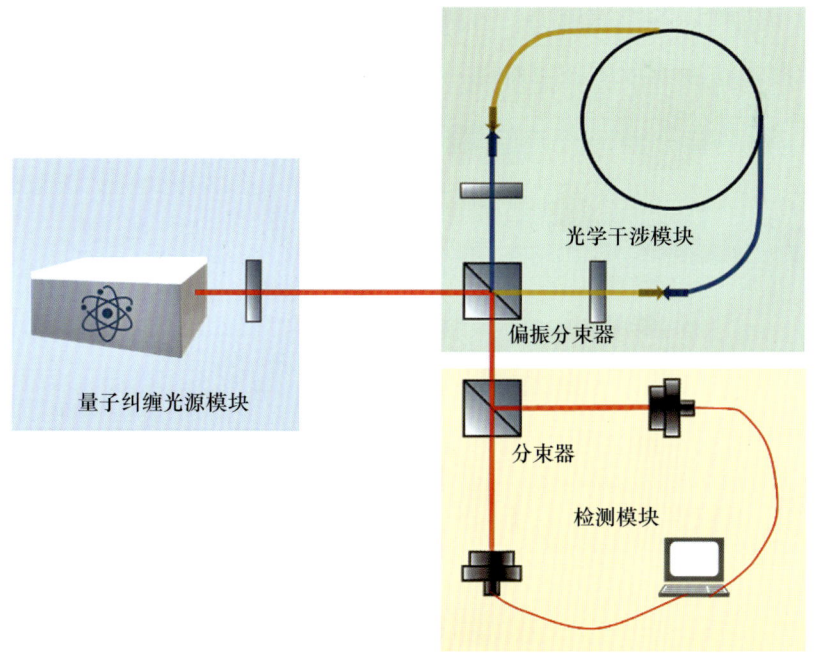

图161 量子增强型角速度测量原理

6.22 光学干涉中低真空测量仪 low and medium vacuum gauge based on optical interference

光学干涉中低真空测量仪由激光谐振激光光路系统、激光稳频系统、中低真空获得与真空压力控制系统等组成。基本原理是法布里–珀罗谐振腔内稳频激光频率随腔内气体分子数浓度变化而产生频移，通过测定初始状态稳频激光频率 ν_0、谐振激光频率漂移量 $\Delta\nu$，结合计算所得原子极化率和磁化率，腔长变化 ΔL 和色散 $Disp$ 等因素的修正量等参数反演中低真空压力 p，即

$$p = c_1 \left[\frac{\Delta\nu}{\nu_0} - \delta(\Delta L, \Delta T, R, Disp, \cdots) \right] + c_2 \left[\frac{\Delta\nu}{\nu_0} - \delta(\Delta L, \Delta T, R, Disp, \cdots) \right]^2 + \cdots$$

其中，c_1、c_2 等分别为1阶、2阶以及高阶维里系数。光学干涉中低真空测量仪工作原理如图162所示。光学干涉中低真空测量仪实物图如图163所示。光学干涉中低真空测量仪可广泛应用于航天工程、高端仪器制造等重大科学工程以及工业现场，可解决传统真空测量仪测量范围窄、无法自校准和测量精度有限的技术难题。

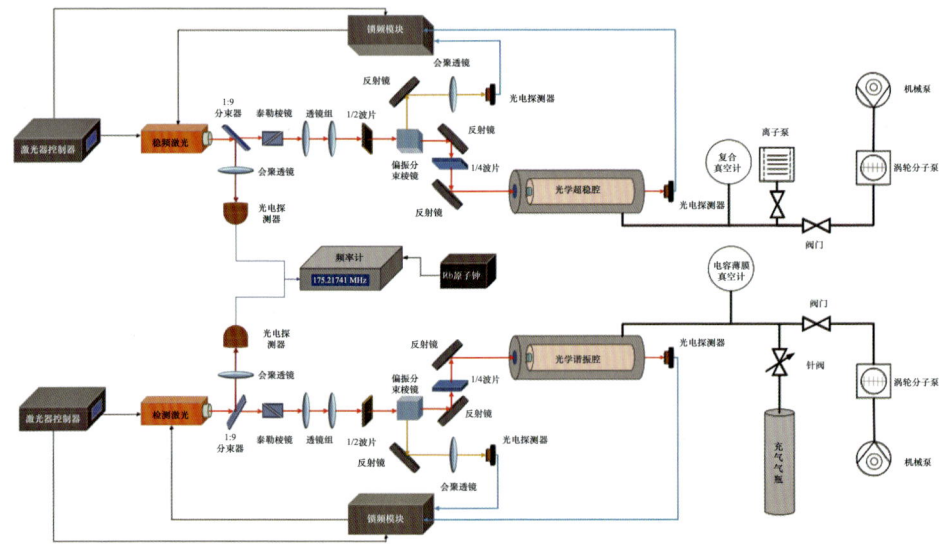

图162　光学干涉中低真空测量仪工作原理

6 基于光量子体系的测量

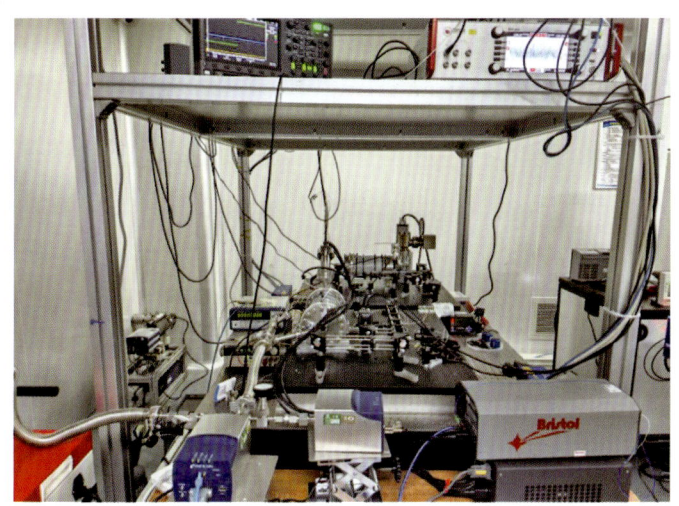

图 163 光学干涉中低真空测量仪实物图

6.23 双光梳吸收光谱真空分压力测量仪 vacuum partial pressure analyzer based on dual-comb absorption spectroscopy

双光梳吸收光谱真空分压力测量仪由双光梳光谱仪系统、腔增强系统、混合标样气体进样系统和数据采集与处理系统等组成。基本原理是当光穿过待测气体时，气体分子吸收特定频率的光子后发生能级跃迁，产生由其分子结构所决定的特征吸收谱。通过测量目标气体对特定波长光吸收后的光强衰减率获得气体浓度。最后根据理想气体状态方程即可实现多组分气体分压力的并行测量。双光梳吸收光谱真空分压力测量仪原理如图 164 所示。该技术利用双光梳吸收光谱技术的多谱线并行测量、高分辨率、快速无扫描成谱特性探测真空分压力，具有非侵入、大动态、高精度等优势，可广泛应用于导弹、卫星、运载火箭和载人飞船的环境检测及模拟试验、空间材料效应评价、危险气体泄漏监测、卫星轨道的成分检测、空间诱导环境污染检测和生保系统中的大气检测等方面。

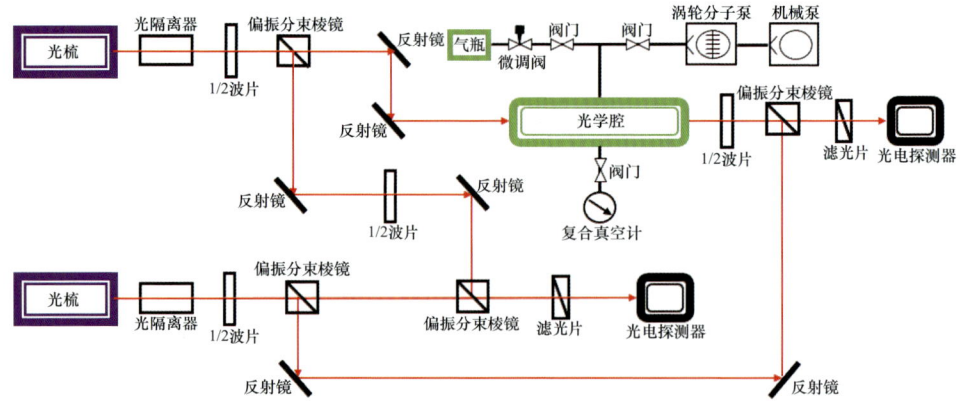

图 164　双光梳吸收光谱真空分压力测量仪原理

6.24　光浮位移测量 optically-levitated position measurement

光浮位移测量指的是对悬浮在光阱中的微粒产生的散射光进行探测分析，从而得到微粒在光阱中的三轴位移，其精度可达亚纳米级。在光浮位移测量中，沿着捕获光传播方向的散射光为前向散射光（forward scattered light，FSL），反之则为后向散射光（backward scattered light，BSL），对于光悬浮的透明粒子，其后向散射光强通常小于前向散射光强的1%，因此在实验中常使用前向散射光作为探测信号。常见的光浮位移测量方法有四象限探测器检测法［如图165（a）所示］、差分位移检测法［如图165（b）所示］。经过频谱分析或直接通过理论仿真计标定其光强与位移之间的耦合关系后进行轴间解耦，即可实现探测信号-空间单轴位移信号的转化，实时进行粒子质心位移的测量。

6.25　光浮粒子旋转测量 optically-levitated rotation measurement

光浮粒子旋转测量指的是通过光调制等手段，实现对光阱中粒子自旋频率或轨道旋转频率的测量。在光与粒子相互作用的过程中，伴随着角动量的传递，通过光角动量传递导致微粒旋转的现象被定义为光致旋转。在

6 基于光量子体系的测量

光镊技术领域，光致旋转导致的角动量传递主要涉及两种机制：偏振调制光场（例如圆偏振光）引发的自旋角动量传递，以及空间调制光场（例如涡旋光）引发的轨道角动量传递。自旋角动量传递通常发生在双折射微粒或纳米哑铃微粒上，此时微粒的作用类似于波片，入射圆偏振光的偏振态会因双折射微粒的作用而发生改变。当捕获粒子的前向散射光不再呈现圆偏振光或周期对称空间光的特性时，其通过检偏器后功率将随粒子旋转发生变化，从而实现对粒子旋转的测量，光浮粒子旋转测量如图166所示。在空气环境中捕获的双折射粒子自旋频率可达到几十赫兹，而在真空环境下，驱动自旋频率高达兆赫兹量级。

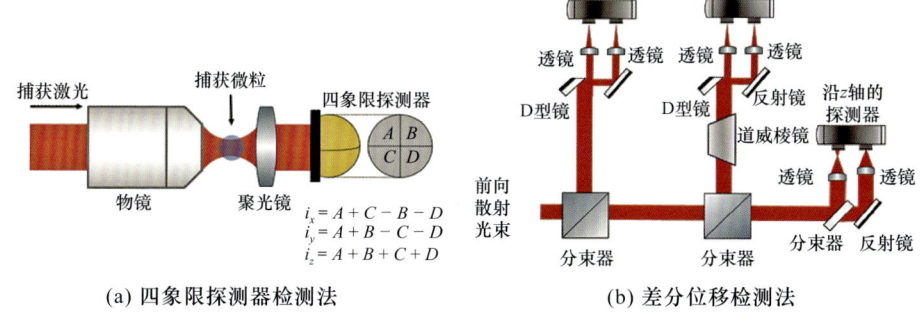

图 165　光浮位移测量

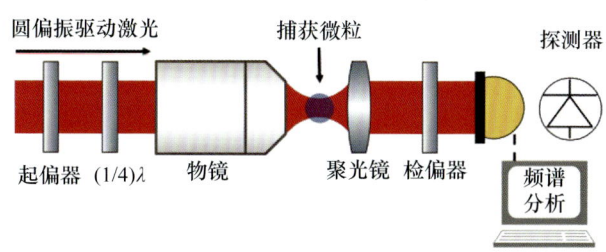

图 166　光浮粒子旋转测量

6.26 量子基态冷却 quantum ground state cooling

量子基态冷却是指通过光、电操控等物理手段将悬浮粒子等介观机械系统的振动模式能量降低至量子力学基态的过程。其核心目标是使系统的平均声子数趋近于零,从而消除经典热噪声的影响,使系统进入量子力学主导的状态。光浮系统中的量子基态冷却一般是在低阻尼的真空环境下对光浮系统增加反馈冷却模块,常用的方法有速度反馈冷却、参数反馈冷却和腔冷却等,量子基态冷却如图167所示。速度反馈冷却需外加激光或静电场,将微粒的实时位移分量处理成速度量后,施加一个与微粒速度成正比的外部"反馈阻尼力(通常为光力或库仑力)",从而抑制微粒的波动;参数反馈冷却通过对捕获光功率进行调制实现微粒三维空间的运动冷却,微粒的位移信号依次经过倍频与相移后,合成反馈信号施加在声光调制器与电光调制器上,实现对捕获光的调制,光功率调制信号频率是位移信号频率的两倍,通过相位匹配确保调制信号与位移信号的相位差为零;腔冷却主要借助基于谐振腔的激光技术,在腔频大于光频的激光红失谐状态下,光子吸收微粒的机械能,从而实现冷却。

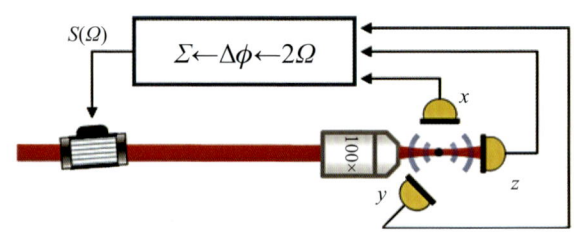

图 167　量子基态冷却

6.27　光浮极弱力测量　optically-levitated ultra-weak force measurement

光浮极弱力测量是指利用光悬浮技术结合高精度位移探测手段,在高真空与量子基态冷却的状态下将悬浮微粒等效为理想弹簧振子,在外界极弱力的作用下,通过悬浮微粒位移信号产生的频谱变化进行极弱力频谱特征提取的技术,如图168所示。捕获微粒后采用参数反馈冷却微粒质心,三轴位移信号通过锁相放大器(lock-in amplifier,LIA)来生成反馈信号

（$A\sin(2\Omega+\theta+\varphi)$，其中 A 为反馈信号幅度，Ω 为粒子的振荡频率，θ 为相位偏移，φ 为粒子的初始相位角），外力的输入会转换为捕获微粒的质心位移，典型系统的光浮极弱力测量灵敏度能够达到 10^{-21} N/Hz$^{1/2}$。光浮极弱力测量的经典对象包括卡什米尔力（Casimir force）等量子涨落力、暗物质候选粒子的弱耦合作用力和表面间范德瓦耳斯力（van der walls force）等纳米作用力，有望实现非牛顿引力探测和短程力的精密传感。

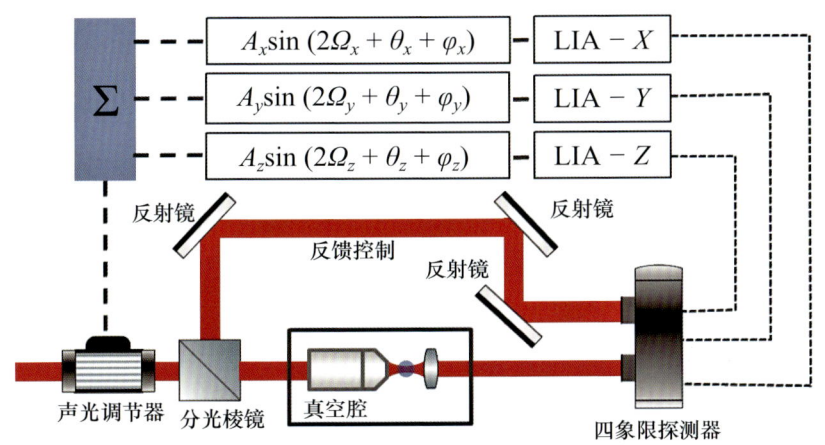

图 168　光浮极弱力测量

6.28　光浮极弱扭矩测量 optically-levitated ultra-weak torque measurement

光浮极弱扭矩测量是一种基于光悬浮技术，通过激光捕获并稳定旋转微粒，实时监测其受外界微弱扭矩作用产生的微转速波动，以实现极弱扭矩的高灵敏度、非接触式精密测量的方法。典型光浮极弱扭矩测量结构如图 169 所示。当线偏振光与双折射粒子有一定偏角时，其实际力的作用表现为一个与偏角相关的扭矩，可以迫使粒子向与扭矩平衡的位置进行角运动并达到稳定。而圆偏振可视作高频旋转的线偏振光，其反映在粒子上为恒定的扭矩，由光驱动的高速自旋粒子在外界环境处于基本稳定的情况下能保持恒定的转速，在真空环境下粒子的转速可达吉赫兹，此时微弱的扭矩变化将引起粒子转速的变化。通过此方法可以实现光浮极弱扭矩的测量，不仅展示了光致旋转效应在超灵敏扭矩检测中的应用潜力，还为研究纳米尺度磁性和非平衡热力学等前沿领域提供了新的工具。

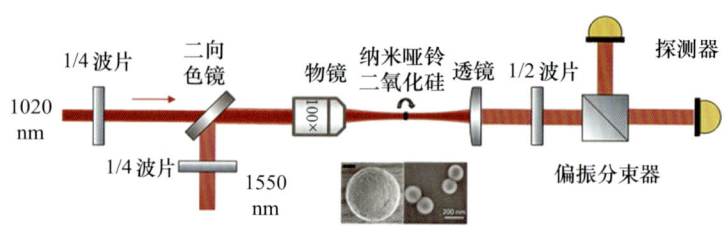

图 169　典型光浮极弱扭矩测量结构

6.29　光浮加速度计　optically-levitated accelerometer

光浮加速度计是一种基于光浮原理与光学检测技术的高灵敏加速度传感器。其基本原理是利用光阱约束微纳尺度粒子形成惯性敏感单元，通过光学手段检测微粒在惯性力作用下的位移变化来反推外界加速度。典型光浮加速度计系统如图 170 所示。该技术的优势在于完全无机械接触，避免了传统加速度计因摩擦或阻尼导致的损耗与噪声，同时具备极高的灵敏度和宽频带响应特性。近年来，通过引入多光束协同操控、低温环境下的量子极限测量和深度学习辅助信号处理等方案，进一步提升了光浮加速度计在复杂环境中的稳定性和分辨率。光浮加速度计有单光束与双光束两种构建形式，典型系统的最优指标为 95 ng/Hz$^{1/2}$ 的测量灵敏度和 0.17 ng 的探测分辨率，其在惯性导航、重力勘探和基础物理实验等领域展现出极大的应用潜力。

6.30　光浮陀螺仪　optically-levitated gyroscope

光浮陀螺仪是一种利用在光阱中高速旋转的捕获粒子的进动性而实现对外界角速度输入响应的角速度测量仪器，如图 171 所示。通过光悬浮技术和光致旋转可将双折射微粒转速驱动至兆赫兹量级，获得高速自由转子。考虑到粒子的光轴和几何长轴通常不重合，圆偏振激光产生的光扭矩可分为驱动扭矩和恢复扭矩。驱动扭矩使粒子旋转，而恢复扭矩使光轴与光场对齐。当粒子旋转时，离心扭矩与恢复扭矩平衡，光轴保持在特定位置。当外界角速度输入时，粒子的动态响应导致光轴偏转，从而改变旋转频率和振幅，通过检测这些变化可以测量外部角速度。

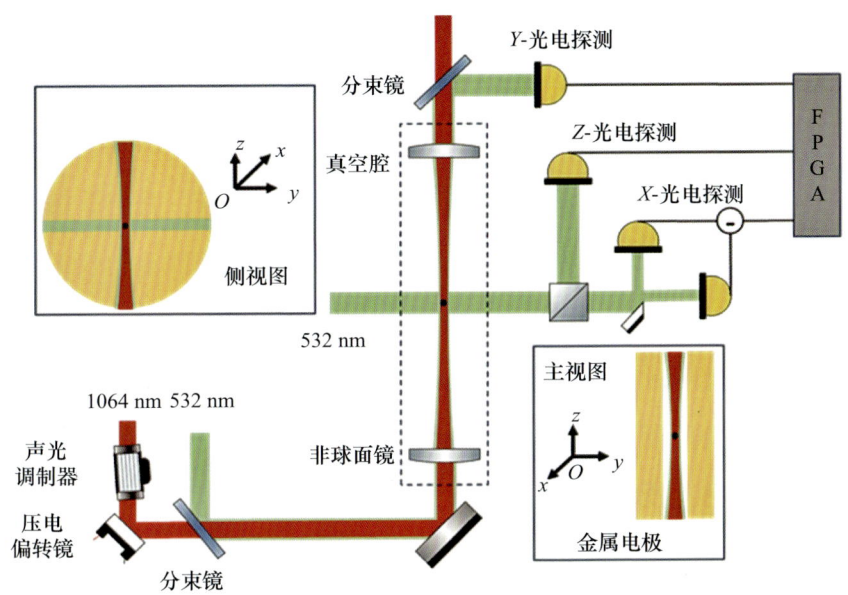

图 170　典型光浮加速度计系统

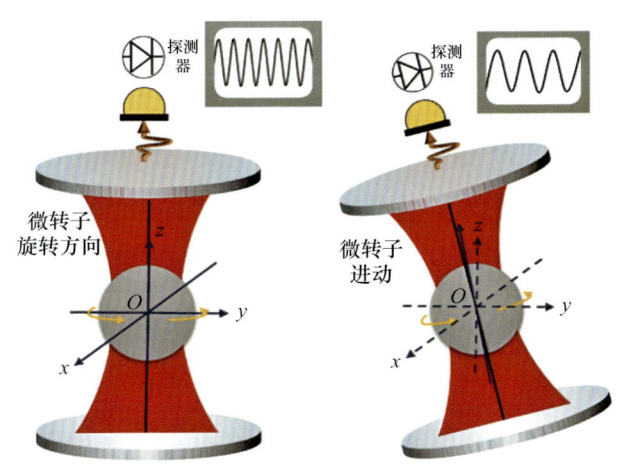

图 171　光浮陀螺仪

6.31 光浮重力仪 optically-levitated gravimeter

光浮重力仪是一种基于光悬浮技术与高精度位移传感的引力场测量装置。其核心原理通过激光形成的势阱捕获并悬浮微纳尺度的电介质微粒，利用重力场变化引起悬浮微粒的平衡位置偏移进行测量。当外界重力场发生微小变化时，悬浮微粒受重力作用产生位移，该位移量与重力加速度成线性关系。通过超精密光学检测手段实时监测微粒位移，并结合闭环反馈系统分析光强、相位或偏振态的变化，即可精确解算出重力场强度及其梯度分布。自由落体式光浮重力仪典型结构如图172所示。自由落体式光浮重力仪、光浮重力梯度仪等相关技术仍在探索阶段。光浮重力仪的显著优势在于无机械支撑结构，消除了传统重力仪因热漂移、机械磨损导致的长期稳定性问题，同时具备亚微伽量级的高灵敏度和宽动态范围的测量。近年来，通过低温环境下悬浮微粒的量子态操控、多轴光阱协同稳定以及环境噪声主动抑制等技术的引入，光浮重力仪在复杂环境中的抗干扰能力与分辨率显著提升，其在地球物理勘探、地下资源探测、地震前兆监测及广义相对论实验验证等领域具有重要应用前景。

6.32 光浮电荷测量 optically-levitated charge measurement

光浮电荷测量利用光悬浮技术和电场耦合效应实现对微粒电荷量的测量。自然状态下待捕获的粒子通常带有一定电荷，而在悬浮光力的辅助下，可以精确控制微粒携带的静电荷数，进而用于测量外界电场。光浮电荷测量结构如图173所示。利用光镊捕获带电微球，测量微球在环境电场中的受力和位移，从而可以反推环境电场强度，为精确测量电场提供了新的方法和工具。目前基于低真空中的电离放电的方法可稳定控制悬浮粒子的静电荷，包括零静电荷，并且经实验验证，在高压放电关闭后，粒子的电荷状态可以保持稳定，即使在高真空条件下也能保持数天。该方法为研究悬浮纳米粒子的电荷状态提供了新的机会，特别是在反馈冷却、力感应和非线性传感等领域。

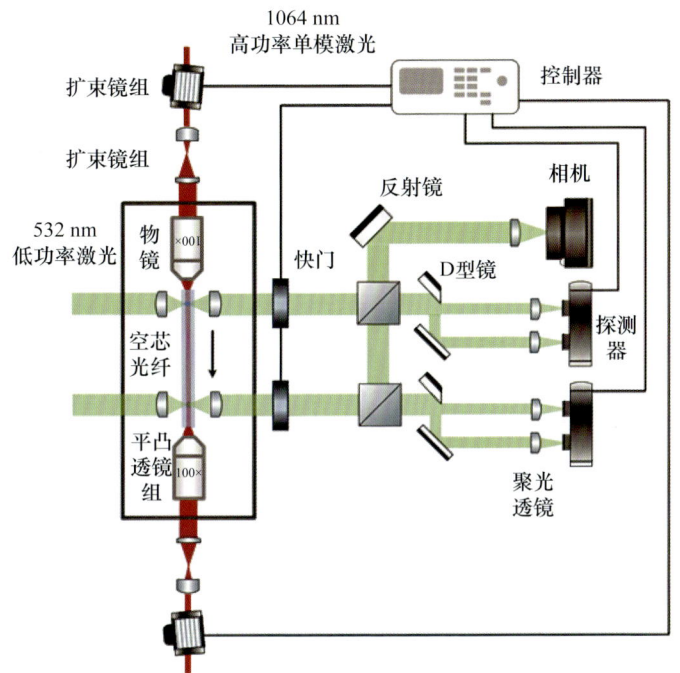

图 172　自由落体式光浮重力仪典型结构

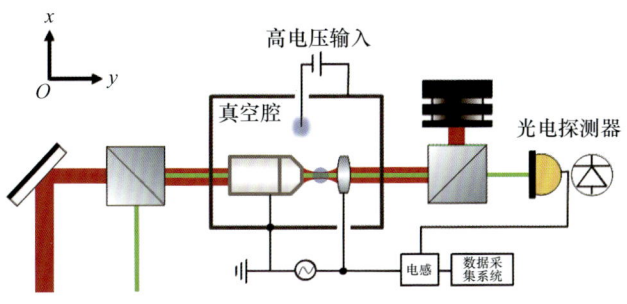

图 173　光浮电荷测量结构

6.33　光浮质量测量　optically-levitated mass measurement

光浮质量测量是基于光悬浮技术与高精度微粒信号探测的微纳尺度质

量测量技术。其核心原理是利用激光形成的梯度光阱捕获并悬浮微纳尺度物体（如电介质微粒、纳米球或生物大分子），通过监测悬浮物体在光阱中的共振频率或平衡位置偏移来反推其质量。具体而言，当悬浮物体的质量发生变化时，其受光阱束缚的动力学特性随之改变，该变化与质量增量或减量成定量关系。通过超精密光学检测手段实时记录微粒的振动频谱或位移信号，并结合动力学模型与反馈算法分析光场参数，即可实现飞克至阿克量级的质量分辨。典型光浮质量测量结构如图174所示。该技术的突出优势在于完全非接触式测量，避免了传统微天平因机械支撑或基底吸附引起的污染与误差，同时具备超高灵敏度与单粒子级检测能力。近年来，通过引入光力耦合增强、低温环境下的热噪声抑制以及机器学习辅助动态特性分析等方案，光浮质量测量在复杂介质环境中的稳定性和分辨率显著提升，使其在纳米材料表征、单分子生物检测、气溶胶颗粒分析和量子质量基准研究等领域展现出广阔的应用潜力。

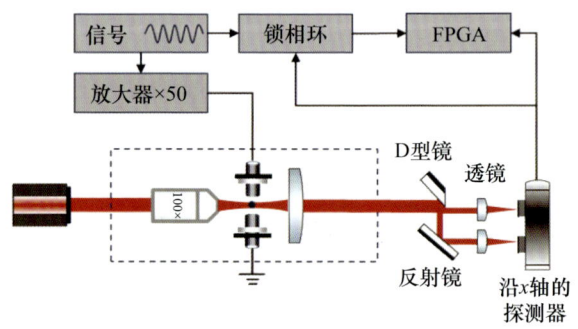

图174 典型光浮质量测量结构

6.34 光浮微转子高真空测量 optical-levitated micro-rotor high vacuum measurement

光浮微转子高真空测量基本原理是通过测量由光镊悬浮的高速旋转微转子（透明，纳米级）角速度衰减速率反演被测环境的真空压力，即

6 基于光量子体系的测量

$$p = \frac{\rho \pi d v}{20 \sigma_{\text{eff}}} \left(-\frac{1}{e_2} \frac{\mathrm{d} e_2}{\mathrm{d} t} + \frac{1}{e_1} \frac{\mathrm{d} e_1}{\mathrm{d} t} \right)$$

其中 e_1、e_2 为电子电荷量，d 为微转子直径，v 为气体分子平均热运动速率，ρ 为转子密度，t 为温度，σ_{eff} 为实际切向动量传递系数，如图175所示。光浮微转子高真空测量仪由微转子光镊悬浮系统、激光偏振态控制转子加速旋转系统、微转子旋转状态图像检测系统、基于机器视觉的悬浮转子计数系统、高真空获得及标准气体压力系统等组成。

光浮微转子高真空测量仪可实现高真空范围真空量值量子化测量，解决空间探测、半导体工业制造等重大型号和科学工程任务面临的高真空范围气体压力量子化测量难题。

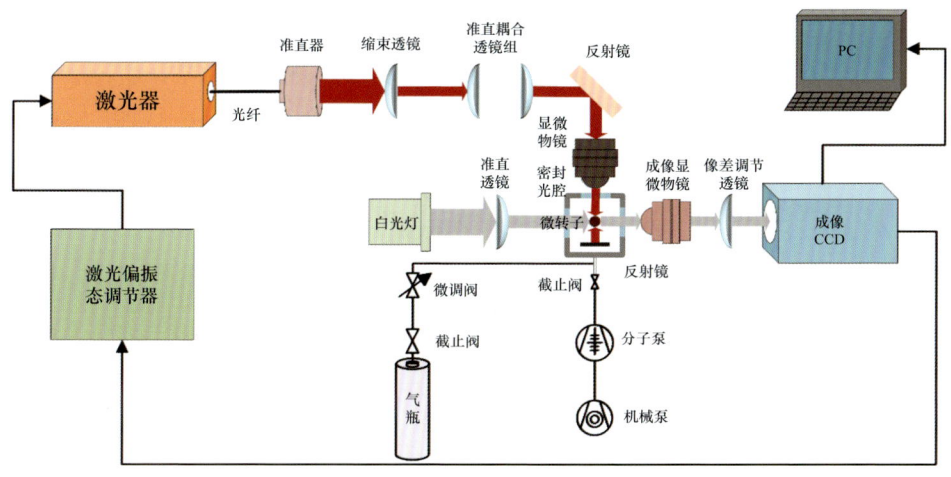

图175 光浮微转子高真空测量仪原理图

6.35 基于光浮和光谱技术的物理化学测量 physicochemical measurements based on optical levitation and spectroscopic techniques

基于光浮和光谱技术的物理化学测量通过光悬浮技术捕获包括碳、金属氧化物、花粉、孢子、无机/有机液滴等多种不同类型的微粒，结合拉曼光谱、腔衰荡光谱和激光诱导击穿光谱获取悬浮微粒在原生状态下的物理和化学信息,并可以实现受控环境气氛下单粒子化学反应的研究。基于光浮和光谱技术的物理化学测量可以表征单个气溶胶颗粒在原生状态下的物理和化学信息(包括尺寸、成分、形态、消光、折射率、相态等),通过控制环境气氛可以实现受控条件下的非均相化学反应研究,具有较高的时间和空间分辨能力。基于光浮和光谱技术的物理化学测量如图176所示。

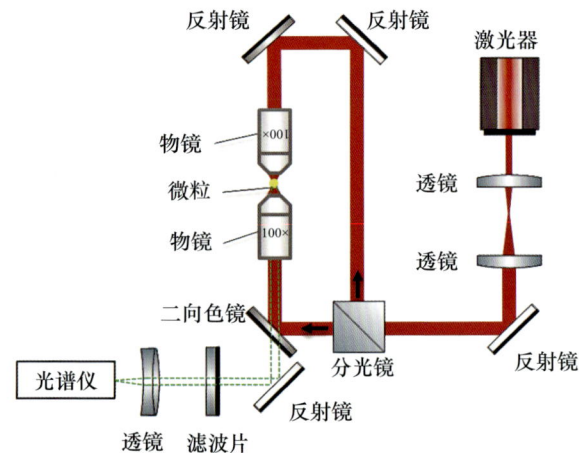

图176 基于光浮和光谱技术的物理化学测量

7 基于电子输运的测量

7.1 约瑟夫森直流电压标准 Josephson direct current voltage standard

约瑟夫森直流电压标准是基于交流约瑟夫森效应，将微波辐射到处于超导状态下的约瑟夫森结阵上，结阵两端产生量子化的台阶状电压，其电压量值与微波频率 f_0 成正比，且与普朗克常数、电子电荷量相关，不随环境、时间而变化。基于约瑟夫森效应的直流电压标准结构框图如图177所示，实物图如图178所示。第 N 个台阶的电压与频率之间满足如下关系：

$$V_N = N\frac{hf_0}{2e} = N f_0/K_J \quad (K_J = 483\,597.9 \text{ GHz/V})$$

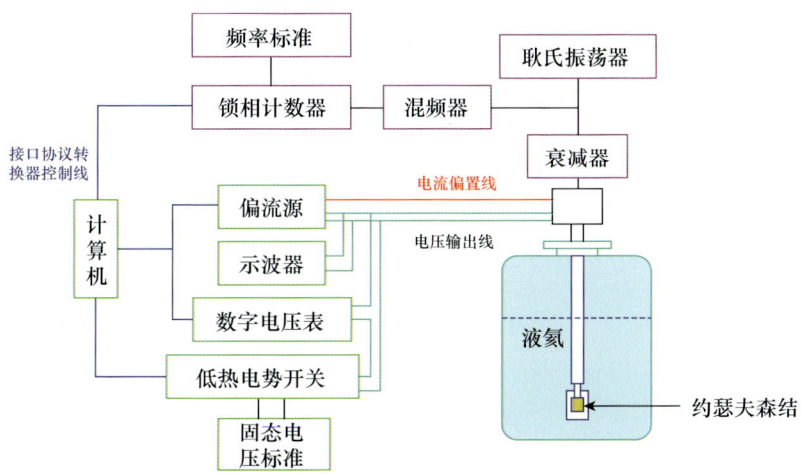

图 177 基于约瑟夫森效应的直流电压标准结构框图

约瑟夫森直流电压标准的测量不确定度可达到 10^{-9} 量级，比传统标准电池的不确定度高两个量级以上，用于复现电压单位伏特。

图 178　基于约瑟夫森效应的直流电压标准实物图

7.2　可编程约瑟夫森电压标准　programmable Josephson voltage standard，PJVS

可编程约瑟夫森电压标准采用非回滞的约瑟夫森结阵，其偏置电流与结阵的输出电压一一对应。不但可以作为直流电压标准，也可以作为交流电压标准。当作为交流电压标准时，由多个二进制排列的约瑟夫森结阵组合，其中每个分段均有独立的偏置电路，通过合成台阶状的电压波形来模拟交流电压信号。采用二进制排列的约瑟夫森结阵原理如图 179 所示，可编程约瑟夫森电压标准实物图如图 180 所示。

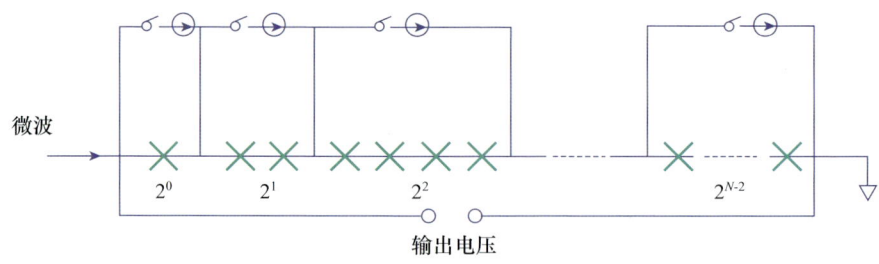

图 179　采用二进制排列的约瑟夫森结阵原理

图 180　可编程约瑟夫森电压标准实物图

7.3　脉冲驱动式交流约瑟夫森电压标准　pulse-driven alternating current Josephson voltage standard

脉冲驱动式交流约瑟夫森电压标准（又称为约瑟夫森任意波形合成器）根据磁通量子原理，采用一系列高速电流脉冲来驱动约瑟夫森结阵，约瑟夫森结阵受驱动后产生相应的时间积分面积等于 $h/(2e)$ 的磁通量子，通过滤波合成交变电压波形。

脉冲驱动式交流约瑟夫森电压标准合成电压波形的过程分为三个步骤：① 利用 Δ-Σ 调制将期望合成的波形调制成一系列数字码型；② 将数字码型存储到脉冲码型发生器内，并转换成相应的高速脉冲；③ 利用高速脉冲驱动约瑟夫森结阵，产生包含待合成波形信息的量子电压脉冲序列。这些量子电压脉冲是 Δ-Σ 调制数字码型的复现，通过低通滤波滤除携带的量化噪声。滤波后得到的电压信号，即是所需合成的电压波形，如图 181 所示。脉冲驱动式交流约瑟夫森电压标准组成原理如图 182 所示。

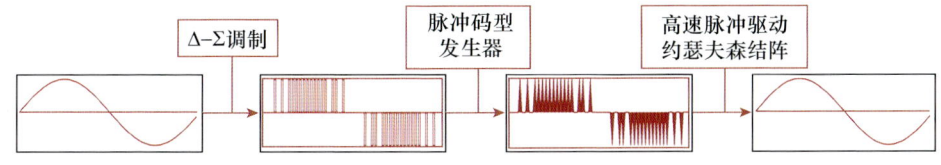

图 181　脉冲驱动式交流约瑟夫森电压标准合成电压波形的过程

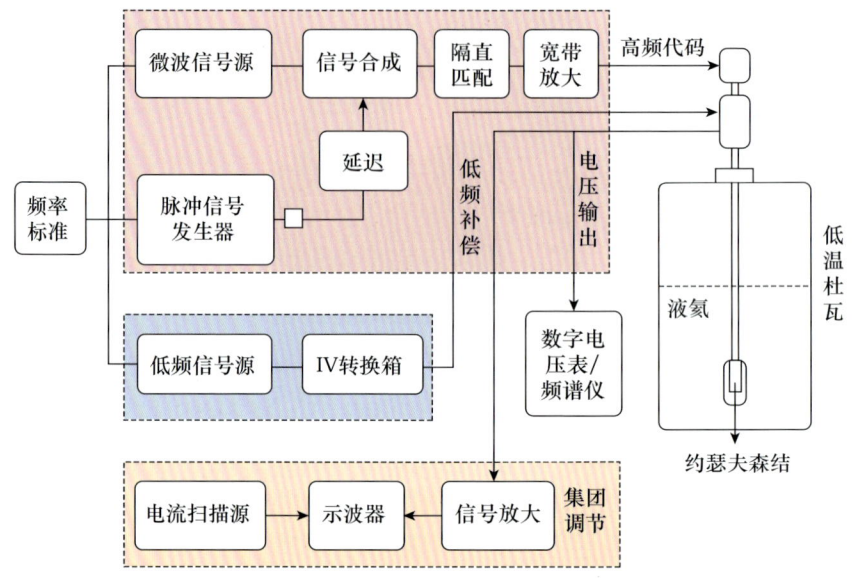

图 182 脉冲驱动式交流约瑟夫森电压标准组成原理

7.4 量子霍尔电阻标准 quantum Hall resistance standard

量子霍尔电阻标准是基于量子霍尔效应实现的电阻标准，主要由量子霍尔电阻样品、低温系统、超导磁体、传递电桥等组成。其测量不确定度可达 10^{-9} 量级，比以往实物电阻标准的不确定度提升 2～3 个数量级，具有超高准确度和稳定性，复现的电阻值由基本物理常数普朗克常数 h 和电子电荷量 e 确定。自 1990 年起，量子霍尔电阻标准被国际计量局采纳为电阻自然基准，用于定义欧姆单位，主要用于建立国家电阻计量基准，其实物图如图 183 所示。

7.5 基于砷化镓的量子霍尔电阻标准 GaAs quantum Hall resistance standard

基于砷化镓的量子霍尔电阻标准包括砷化镓量子电阻样品、1.5 K 超低温制冷系统、8 T 免液氦超导磁体和传递电桥，在高磁场、低温区的条件下复现量子霍尔效应，其实物图如图184所示。

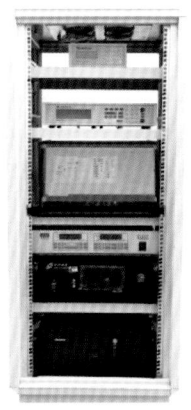

图 183　量子霍尔电阻标准实物图

图 184　基于砷化镓的量子霍尔电阻标准实物图

7.6　基于石墨烯的量子霍尔电阻标准　graphene quantum Hall resistance standard

基于石墨烯的量子霍尔电阻标准包括石墨烯量子电阻样品、4.2 K 超低温制冷系统、5 T 免液氦超导磁体和传递电桥，在低磁场、高温区的条件下复现量子霍尔效应，其效果图如图185所示，适用于研制小型化量子电阻标准。

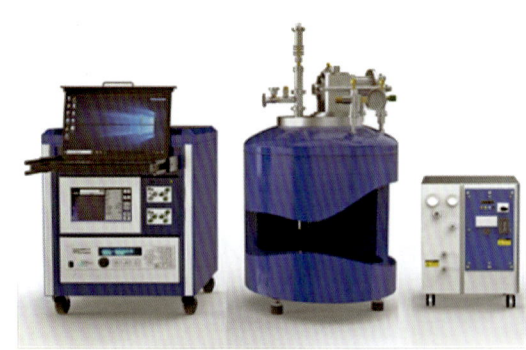

图 185 基于石墨烯的量子霍尔电阻标准效果图

7.7 交流量子霍尔电阻标准 AC quantum Hall resistance standard

把量子电阻样品通以交流电流得到交流电阻量值，称为交流量子霍尔电阻标准，通过交流电桥传递至实物电阻。因分布参数的影响，在常规量子电阻样品上呈现的交流量子霍尔电阻的平台为抛物线状，边缘处有尖峰，中心磁场处的阻值随频率线性增大，如图 186 所示，测量不确定度远大于 10^{-8} 量级。通过给量子电阻样品增加分裂门的屏蔽结构，并对屏蔽结构施加电压，如图 187 所示，可以补偿交流量子霍尔电阻的频率误差，有望将音频范围内的交流量子霍尔电阻的测量不确定度降低到 10^{-8} 量级。

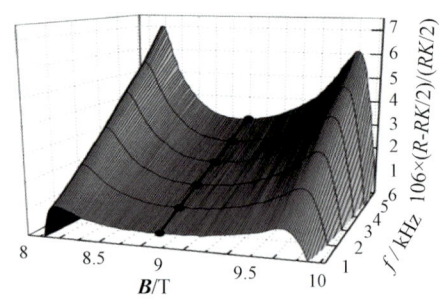

图 186 常规量子电阻样品的频率特性图

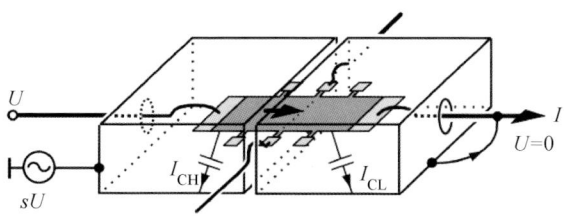

图 187　交流量子霍尔电阻的结构图

7.8　单电子隧穿电流标准　current measurement standard based on single electron tunneling effect

单电子隧穿电流标准基于电子隧穿和库仑阻塞，通过精确控制单个电子在纳米结构中的隧穿行为，实现电流的量子化输出。单电子隧穿电流标准原理如图 188 所示，在纳米尺度的库仑岛（如量子点）中，单个电子需要克服势垒才能穿越库仑岛，当电子能量不足时，无法穿越势垒，形成库仑阻塞。加入一个栅极来调控库仑岛的势垒高度，调节栅极电压，会使库仑岛的势垒高度发生移动。在特定的周期性栅极电压下，电子可以逐个穿越库仑岛，形成与频率成正比的电流：

$$I=ef$$

其中，e 为电子电荷量，f 为栅极射频源频率。

利用单电子隧穿效应，可以建立直流电流标准，将电流量值与基本电子电荷量 e、极高准确度的频率量值联系起来，直接复现电流单位安培。单电子隧穿电流标准具有直接溯源到物理常数、稳定性高的特点，测量不确定度有望达到 10^{-8} 量级。但是，库仑岛在纳米量级，制造工艺难度大；为抑制热涨落，系统需工作在极低温环境（小于 100 mK）；产生的典型电流在皮安量级，需采用电磁屏蔽和极低噪声电流放大技术。因此，建立单电子隧穿电流标准面临极大的技术挑战。

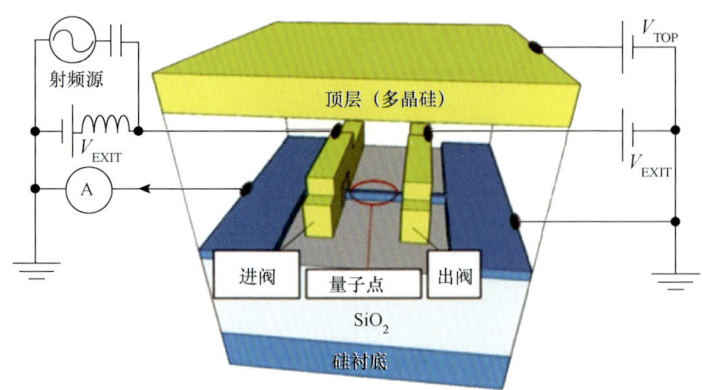

图 188　单电子隧穿电流标准原理

7.9　基于超导转变边缘传感器的衰变能谱测量　decay spectrum measurement based on superconducting transition edge sensor

由于转变边缘传感器（transition edge sensor，TES）相变区间电阻对温度的变化非常敏感，极小的温度变化就可导致电阻从超导态到正常态的转变，并引起很大的电阻变化，温度敏感性极强。通过将放射性材料嵌入能量吸收材料，并将该材料与 TES 热接触，通过测量温度变化实现沉积能量的准确测量，并实现具有高能量分辨率的核材料衰变能谱的测量，如图 189 所示。

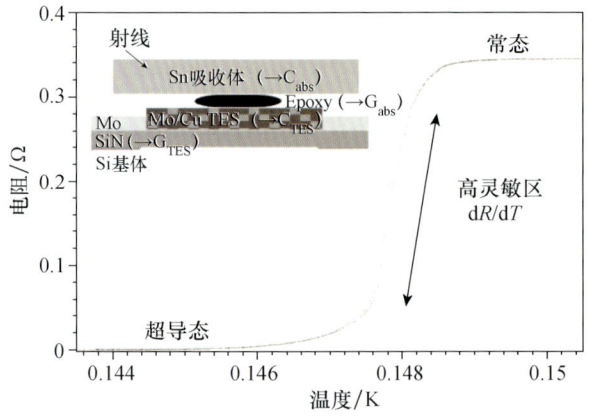

图 189　基于超导转变边缘传感器的衰变能谱测量原理

7.10 低温电流比较仪 cryogenic current comparator

低温电流比较仪是目前国际上准确度最高的电阻传递电桥，需运行在极低温环境中（4.2 K）。其利用迈斯纳效应（Meissner effect）具有极好的磁屏蔽性能，可充分保证比例绕组的准确度；采用具有极高灵敏度的超导量子干涉器件，使检测磁通不平衡信号的分辨率可达到 10^{-10} 量级，由反馈线圈调整补偿电流，维持磁通平衡，传递不确定度通常在 10^{-9} 量级，具有超高准确度、极低噪声、宽动态范围、高稳定性等特点。主要应用于建立量子化霍尔电阻基准、极微弱电流测试、高精度传感器测试等计量测试领域，其结构如图 190 所示，其原理如图 191 所示。

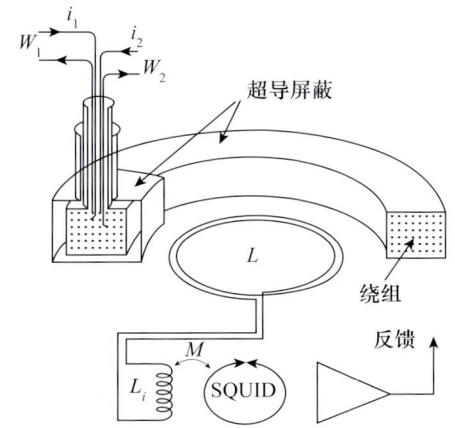

图 190 低温电流比较仪结构

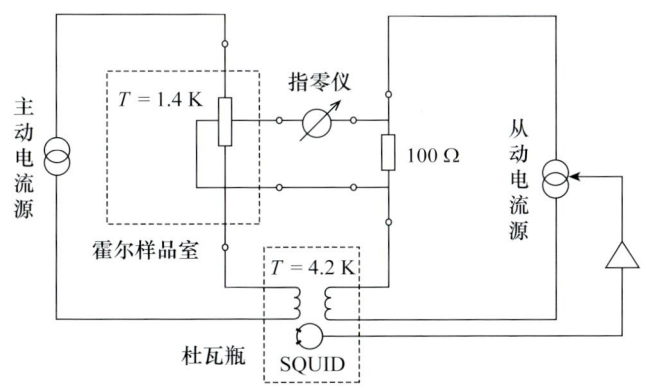

图 191 低温电流比较仪原理

8 基于固态量子体系的测量

8.1 光探测磁共振效应 optically detected magnetic resonance effect，ODMR效应

光探测磁共振效应是一种同时利用微波和光学手段对晶体中缺陷的电子自旋产生双共振的技术。微波可以用来调控电子自旋的量子态，光学手段可以实现对电子自旋量子态的初始化和读出。近年来光探测磁共振被广泛应用于研究以金刚石氮-空位色心为代表的一系列晶体中缺陷的电子自旋体系。其原理是通过波长为 532 nm 的激光来极化氮-空位色心至基态，然后通过微波脉冲操控量子态，在用激光极化氮-空位色心的同时，通过统计荧光光子的计数来判断氮-空位色心当前所处的量子态。光探测磁共振效应如图 192 所示。光探测磁共振谱线反映了磁场和温度等物理场的变化，因此可以利用原子尺度的单电子自旋对外界环境的敏感度得到样品的相关属性，从而实现对磁场和温度的高分辨率和高准确度测量。结合显微成像手段，该技术可应用于半导体芯片温度场、磁场显微测量系统，从而提升半导体良率。

8.2 金刚石氮-空位色心量子显微镜 quantum microscope based on nitrogen-vacancy centers in diamond

金刚石氮-空位色心量子显微镜是结合氮-空位色心光探测磁共振效应和显微镜技术，对样品表面的磁场进行成像的仪器。常用的成像方式有

两种，分别是扫描氮-空位色心探针显微镜和量子金刚石宽场显微镜。金刚石氮-空位色心量子显微镜如图193所示，用绿色激光对氮-空位色心泵浦，同时施加微波，当微波频率与氮-空位色心电子自旋能级共振时，氮-空位色心荧光光子计数率下降，从而在光探测磁共振谱上形成共振峰。依据共振峰位置，可以计算出磁感应强度。

在成像方式上，扫描氮-空位色心探针显微镜使用扫描探针显微技术，带动氮-空位色心探针在样品表面扫描，形成磁感应强度的图像。这种方式有望实现十纳米级别的空间分辨率，其视野范围为十到百微米量级。量子金刚石宽场显微镜使用一层空间上二维分布的氮-空位色心作为探针，测量样品的磁场，使用荧光显微镜读取氮-空位色心的荧光强度并对荧光强度进行成像，推算出磁感应强度的分布图像，这种方式能实现亚微米级别的空间分辨率，其视野范围可以达到毫米量级。

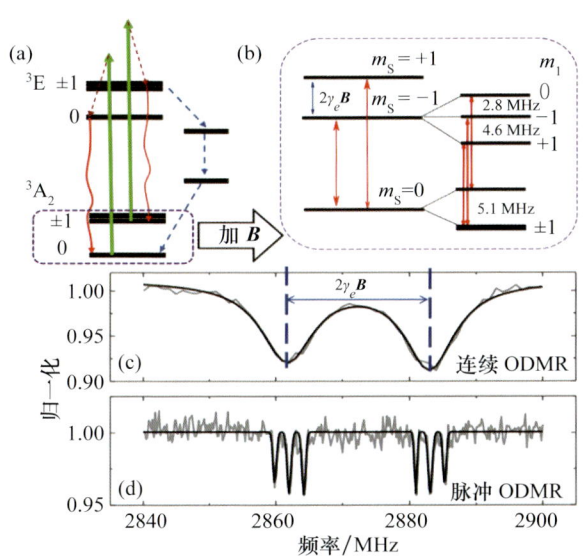

图192 光探测磁共振效应
(a) 金刚石氮-空位色心电子跃迁示意图；(b) 金刚石氮-空位色心电子能级结构示意图；
(c) 金刚石氮-空位色心连续波光探测磁共振谱；(d) 金刚石氮-空位色心脉冲光探测磁共振谱

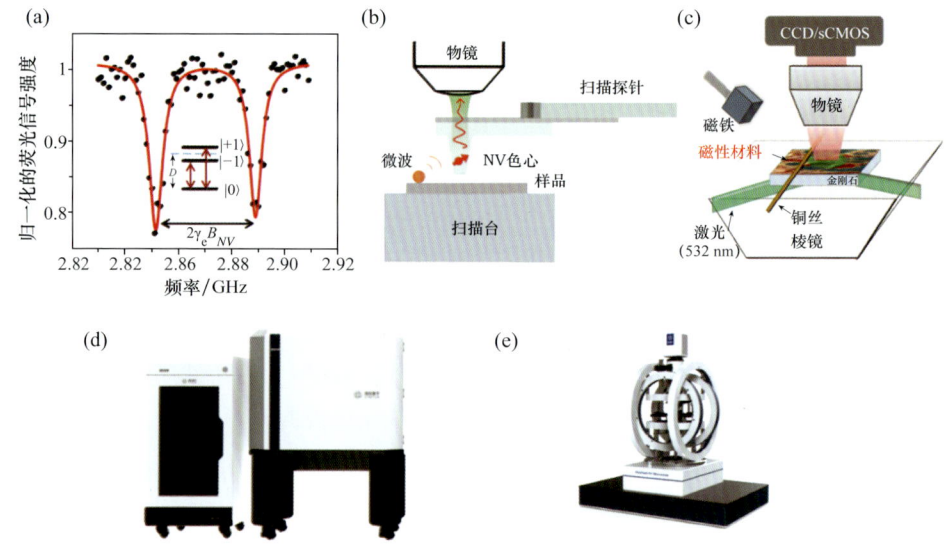

图193　金刚石氮-空位色心量子显微镜
(a) 氮-空位色心的光探测磁共振谱；(b) 扫描氮-空位探针显微镜的结构图；(c) 量子金刚石宽场显微镜的结构图；(d) 扫描氮-空位探针显微镜实物图；(e) 量子金刚石宽场显微镜实物图

8.3 金刚石氮-空位色心温度测量　temperature measurement based on nitrogen-vacancy centers in diamond

　　基于金刚石氮-空位色心的温度测量系统通常包含光路系统、微波系统、控制系统和信号处理系统等。金刚石氮-空位色心光探测磁共振测温原理及测温探针实物图如图194所示。由于热膨胀与电子-声子相互作用，温度变化会引起零场劈裂值的偏移，从而导致光探测磁共振谱整体平移。通过测量光探测磁共振谱线共振频率可以得到温度变化值。通过多次扫描光探测磁共振谱线，观察谱线的整体移动幅度可以得到温度变化值。由于其不易受探测空间、探测量程与准确度的限制，且金刚石具有空间分辨率高、荧光发光稳定、生物兼容性好等优点，能够完成特定环境下纳米尺度测温，因此金刚石氮-空位色心温度测量在物质材料的热物理性质分析、芯片温度测量、极端环境测量等领域具有重要应用价值。

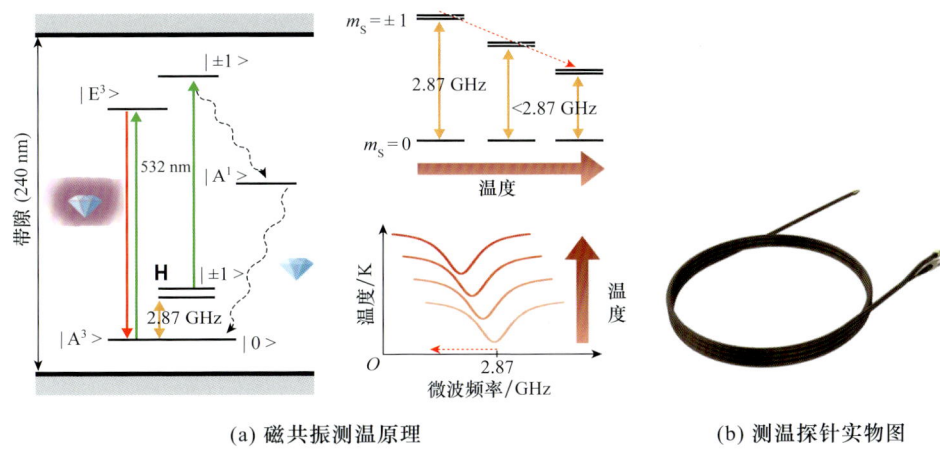

(a) 磁共振测温原理 (b) 测温探针实物图

图 194　金刚石氮-空位色心光探测磁共振测温原理及测温探针实物图

8.4　金刚石氮-空位色心磁场测量　magnetic field measurement based on nitrogen-vacancy centers in diamond

基于塞曼效应，可以利用金刚石氮-空位色心电子自旋实现磁场测量。当磁场发生变化时，金刚石氮-空位色心的电子基态塞曼分裂能级差也会随之改变。通过对金刚石氮-空位色心进行光学读出，根据依赖于金刚石氮-空位色心电子自旋态的荧光强度就可以反推出磁场的变化量，从而实现磁场测量，测量原理如图195所示。根据激发光和操控场在时域上的连续性，金刚石氮-空位色心磁场测量方法可以分为连续波磁场测量方法和脉冲磁场测量方法。相比超导量子干涉磁强计、原子/光泵浦磁强计等，金刚石氮-空位色心磁场的测量具有常温工作和全固态的特点。其探测灵敏度理论上可达飞特量级，其测磁空间分辨率可以达到纳米级别，而且还具备矢量测磁能力。因此在地磁导航、水下探测、生命科学、芯片建模、材料检测及磁成像技术方面具有重大应用潜力。以磁共振检测为例，金刚石氮-空位色心的纳米尺度分辨能力允许其直接测量单个自旋产生的磁场，从而将磁共振的检测能力从传统技术涉及数以亿计的分子提升至单分子水平。

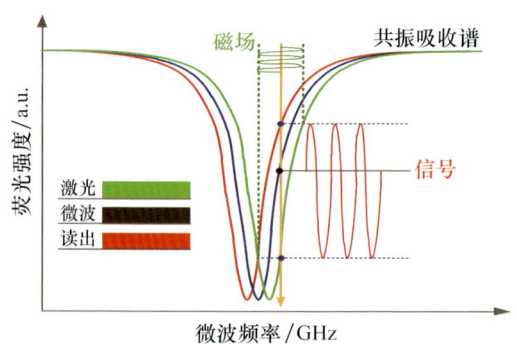

图 195　金刚石氮-空位色心磁场测量原理

8.5　金刚石氮-空位色心矢量磁场测量　vector magnetic field measurement based on nitrogen-vacancy centers in diamond

金刚石氮-空位色心矢量磁场测量是由一个替代氮原子和一个相邻空位组成，利用光探测磁共振方法，通过测量共振频率来精确测定磁场。金刚石氮-空位色心矢量磁场测量如图 196 所示，利用其四个氮-空位色心轴方向恒定的特点，通过测量外磁场在四个氮-空位色心轴上的投影磁场，能够实现矢量磁场大小与方向的准确测量。

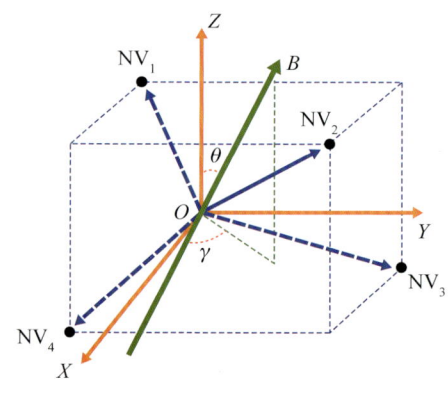

图 196　金刚石氮-空位色心矢量磁场测量

8.6 磁量热辐射能量测量 radiation energy measurement via magnetic calorimetric method

磁量热辐射能量测量通过调控固体晶格场中掺杂芯而改变其能级简并态，借助固体量子体系顺磁性能的微小变化，准确测量声子级别的辐射能量沉积信号。掺杂芯原子的能级分裂导致固体材料中塞曼分裂热容远大于电子热容和晶格热容，如图197（a）所示。磁量热宏观表现为射线沉积的能量引起磁热层的顺磁性能改变，进而导致超导电流线圈中产生的微弱磁场发生改变，由此实现热量的脉冲化测量，信号特征曲线如图197（b）所示。磁量热传感器的基本结构如图197（c）所示，通过与SQUID耦合，如图197（d）所示，最终将磁信号转变为可测量的电压或电流信号。凭借其高分辨特性，该探测技术在粒子物理、天体物理、材料科学及核科学技术等领域具有重要的应用前景。

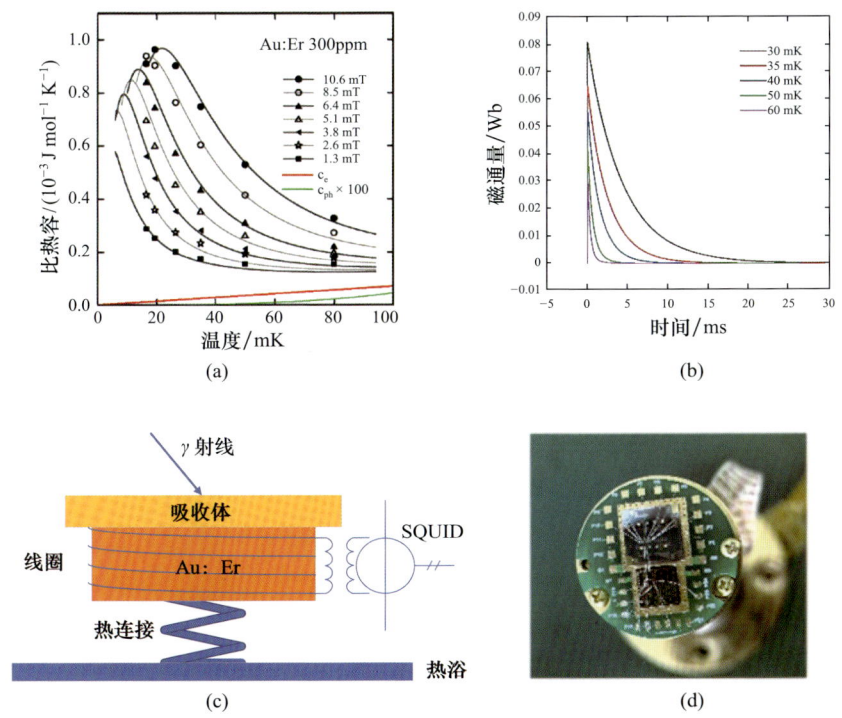

图197 基于量子计量的磁量热传感器
(a) Au:Er 的比热容随温度的变化；(b) 在不同的温度下磁量热传感器信号特征曲线；
(c) 磁量热传感器的基本结构；(d) 磁量热传感器与SQUID 耦合连接照片

附录　量子精密测量国际动态与发展趋势

当前,量子精密测量已成为国际科技前沿研究热点,全球范围内即将迎来一场量子科技与产业革命,各科技强国均出台相关规划、计划与政策、制度,加大资金投入,力求取得竞争优势,抢占量子科技制高点。量子精密测量的研究领域主要涉及量子时间测量、量子磁场测量、量子重力测量、量子惯性测量和量子雷达探测等。主要应用场景涵盖航空航天、防务装备、地质资源勘测、基础科研和生物医疗等众多领域,应用与产业发展前景广阔。当前国际量子精密测量领域的政策规划和研究重点呈现出多元化和加速发展的态势。以下是对该领域相关国内外政策规划分析与发展趋势展望。

一、国际政策规划

1. 国际组织

2018 年第 26 届国际计量大会正式通过决议,从 2019 年开始实施新的国际单位制,从实物计量标准转向量子计量标准,这标志着精密测量进入量子时代。

2021 年 10 月,国际计量委员会(international committee of weights and measures,CIPM)批准同意《国际计量局战略计划(2022 年)》,提出一项长期战略(至 2029 年),并从当前工作计划中提取短期商定计划（2022—2023年），其中的物理计量规划涉及量子测量领域。

2. 美国

2020年10月，美国发布《量子前沿报告》提及精密测量以及传感器的应用是量子发展的重点领域。

2022年4月，美国国家科学技术委员会量子信息科学小组委员会发布题为《将量子传感器付诸实践》的报告，进一步明确将促进量子精密测量相关产业实现应用落地，将量子传感器作为未来1~8年美国信息科学的国家战略。这是首次有国家针对量子精密测量这一领域发布独立战略计划报告。同时，各国政要对量子精密测量行业的关注持续增加，有别于之前量子精密测量行业被量子信息科技行业"打包"分析。

2023年11月，《国家量子倡议再授权法案》草案提到授权美国国家标准与技术研究院（national institute of standards and technology，NIST）建立最多三个科学中心，以推进量子传感、测量和工程方面的研究。支持将原法案期限延长至2028年，旨在推动国家量子技术的研究和开发顺利进入下一阶段，并将重点放在量子技术在现代场景的应用上。

3. 欧洲

2022年11月，欧盟量子旗舰计划发布《战略研究和产业议程》，该计划启动了20个研究项目，其中有4个项目直接与量子测量相关。

2023年3月，欧盟发布《量子技术标准化路线图》，制定量子技术标准化框架，推动欧洲量子传感器产业生态协同。

2024年1月，欧盟发布《至2030年战略研究与产业议程》，整合欧盟量子领域所有研发、产业化、基础设施相关项目和议程，形成统一的指导性投资战略，明确量子技术十大跨领域共性问题的研究和产业化优先方向。

2024年3月，欧盟委员会通过《"地平线欧洲"2025—2027年战略计划》指出：2021—2027年，将至少投入130亿欧元用于发展量子技术、光子学等多个数字技术。欧盟还构建了专业的量子组织架构，协同推进共建欧洲量子创新生态体系。

4. 英国

2020年4月，英国发布《国家量子技术计划战略意图》报告和《量子科技计划》报告，明确表示将建立四大量子研究中心，其中两大研究中心研究涉及量子测量（英国量子传感和计时技术中心、英国量子成像技术中心）。

2022年9月，英国国家物理实验室（NPL）发布了计量研究线路图。该路线图强调量子技术对英国发展至关重要，并强调量子电学计量（量子钟、量子传感器）、量子通信、量子计算这三个方面是目前英国量子技术研究的重点方向。

2023年3月，英国发布《国家量子战略》报告提出资助2.14亿英镑用于加快量子技术在传感和计量等方面的技术开发和商业化进程；还提到英国政府将从2024年至2034年为量子技术研发投入25亿英镑，并引入至少10亿英镑的额外私人投资，量子传感被列为优先领域，用于国防和医疗成像。

5. 德国

2022年6月，德国联邦教育和研究部发布《量子系统——发展尖端技术，塑造未来》研究计划，指出在未来十年使德国占据欧洲量子计算和量子传感器领域的领先地位，德国联邦教育和研究部投资20亿欧元，推动量子传感器在工业4.0中的应用，并提高德国在量子系统方面的竞争力。

2023年，德国政府对量子技术的投资力度再次升级，提出了《量子技术行动计划》。该计划明确将在2026年前投资30亿欧元用于量子技术的研发和应用，并确定了三个重点行动领域：推动量子技术走向应用、有针对性地促进技术发展以及创造强大的量子技术生态。

6. 法国

2021年1月,法国宣布了《国家量子技术战略》,提出用5年时间投入18亿欧元,通过构建量子研究和创新生态系统,加快实现培育有全球影响的企业目标。

战略实施3年来,公共投资达10.65亿欧元,孵化了一批高水平初创企业。法国量子初创企业筹集资金达3.5亿欧元,使得法国成为欧洲量子融资额最高的国家,全球排名第3,仅次于美国和加拿大。2023年法国追加投资5亿欧元,重点支持量子传感和通信技术。

7. 日本

2023年6月,日本发布《防卫技术指针2023》,向日本防卫产业界中长期的军事技术创新发展和武器装备研发提供顶层设计和方向指引,明确了包括量子传感技术在内的12项未来重点发展的技术领域。

2024年6月,日本内阁会议审议通过《综合创新战略2024》,将其作为《第六期科学技术创新基本计划》的年度执行计划,提出要大力发展量子技术、聚变能等尖端技术领域;确保对经济安全保障至关重要的研究开发,防止技术外流等工作重点。

8. 加拿大

2022年3月,加拿大制订量子传感器挑战计划,向学术界、工业界和非营利合作者提供资金,发展环境、医疗保健和国防领域的量子传感应用。

2023年1月,加拿大宣布启动国家量子战略,并规定了量子计算、量子通信、量子传感器领域的三个关键任务,以确保加拿大始终走在量子创新和领导的道路上。

9. 澳大利亚

2023年5月,澳大利亚政府发布《国家量子战略》,预计到2045年,量子计算、量子通信和量子传感技术可以为澳大利亚国内生产总值增加 61 亿澳元。

二、国内政策规划

1. 国家及部委相关政策规划

2016 年 2 月，科技部发布"量子调控与量子信息"重点专项提及将量子调控与量子信息技术纳入国家发展战略，实现量子相干和量子纠缠的长时间保持和高精度操控，将其应用于量子精密测量等领域。同时将量子精密测量定为重点研究领域。

2021 年 12 月，国务院印发《"十四五"市场监管现代化规划》，提出"加强以量子计量为核心的先进测量体系建设，加快建立新一代国家计量基准，推进社会公用计量标准升级换代，制定一批关系国计民生的重要计量技术规范"。

2022 年 1 月，国务院印发《计量发展规划（2021—2035）》，提出到 2025 年，国家现代先进测量体系初步建立；展望到 2035 年，建成以量子计量为核心的国家现代先进测量体系；实施"量子度量衡"计划，突破量子传感和芯片级计量标准技术，形成核心器件研制能力；加强色谱仪、质谱仪、扫描电子显微镜、高精度原子重力仪等高端通用仪器设备研制，加快量子传感器、太赫兹传感器、高端图像传感器、高速光电传感器等传感器的研制和应用等。

2022 年 1 月，国家市场监管总局、科技部、工业和信息化部、国资委、知识产权局共同发布《关于加强国家现代先进测量体系建设的指导意见》，提及紧密结合国际单位制量子化变革和经济社会发展需要，加强基本物理常数精密测量技术和量子计量基础研究，推动以量子物理为基础的高准确度、高稳定性计量基准、计量标准建设。加快量子传感和芯片级计量技术、新型量传溯源技术研究，研制具有典型量子化特征的测量仪器设备。

2022年3月，科技部发布《"十四五"国家重点研发计划》，重点专项部署了"原子陀螺仪""原子磁强计"和"芯片原子钟"等项目，对量子精密测量技术的研究与发展提供了重要支持。

2023年2月，中共中央、国务院发布《质量强国建设纲要》，提出实施质量基础设施能力提升行动，突破量子化计量及扁平化量值传递关键技术，构建标准数字化平台，发展新型标准化服务工具和模式，加强检验检测技术与装备研发，加快认证认可技术研究由单一要素向系统性、集成化方向发展。

2024年1月，工信部等七部门联合印发《关于推动未来产业创新发展的实施意见》，明确下一代量子信息技术前瞻谋划；对融合各领域技术后的先进量子产品通过标志性产品带动产业化。

2024年7月，中国共产党第二十届中央委员会第三次全体会议通过《中共中央关于进一步全面深化改革、推进中国式现代化的决定》，提出建立未来产业投入增长机制，完善推动量子科技等战略性产业发展政策和治理体系，引导新兴产业健康有序发展。

2. 各省市地区相关政策规划

（1）北京市。

2020年6月，北京市发布《中共北京市委 北京市人民政府关于加快培育壮大新业态新模式促进北京经济高质量发展的若干意见》，围绕量子科学等前沿领域，前瞻布局量子信息等未来产业，培育新技术新产品新业态新模式。加快布局量子计算、量子通信、量子精密测量等重点细分产业。

2023年9月，北京市人民政府办公厅印发《北京市促进未来产业创新发展实施方案》提到应面向量子信息领域打造未来产业策源高地。包括重点面向量子物态科学、量子通信、量子计算、量子网络、量子传感等方向开展核心技术攻关。

（2）上海市。

2022年10月，上海市人民政府发布《上海打造未来产业创新高地发展壮大未来产业集群行动方案》，对于量子科技提出"围绕量子计算、量子通信、量子测量，积极培育量子科技产业""推动量子技术在金融大数据计算、医疗健康、资源环境等领域的应用"等。

《2025年上海市人民政府工作报告》指出2025年上海市主要任务包括聚力培育发展新质生产力，建设现代化产业体系。增强科技创新能力。围绕量子计算等战略前沿领域，强化前瞻性、战略性、系统性、带动性研究布局。加强企业主导的产学研深度融合，支持企业牵头重大科技项目，建立健全关键核心技术攻关新型组织实施机制。

（3）安徽省。

2022年2月，安徽省人民政府发布《安徽省"十四五"科技创新规划》，13次提及量子科技发展，重点强调充分发挥量子通信、量子计算、量子精密测量研发领先优势，支持量子科技产业化发展。

2024年11月，安徽省人民政府发布《安徽省未来产业发展行动方案》，提出加快量子通信、量子计算、量子精密测量技术突破和产业化，前瞻布局量子芯片、量子算法等量子计算关键技术，引领新一轮信息革命。

《2025年安徽省人民政府工作报告》指出2025年重点工作包括全力推进三大科创引领高地建设，加快建设量子科技和产业中心；实施未来产业培育工程，加快量子科技等领域技术突破和产业化。

（4）山东省。

2018年3月，山东省发布《山东省量子技术创新发展规划（2018—

2025年）》，规划提出山东到2025年的建设目标："形成以济南为中心、辐射全省的量子技术产业集群，营收达到百亿级规模，实现量子技术应用市场的突破，使我省成为全球量子技术及产业发展的战略高地之一。"

《2025年山东省人民政府工作报告》指出2025年重点工作包括大力推进新型工业化。加快培育济南量子科技等特色园区，高标准建设未来产业先导区。

（5）广东省。

2023年2月，广东省人民政府办公厅发布《广东省计量发展规划（2022—2035年）》，规划提出广东到2035年的远景建设目标："建成以量子计量为核心、科技水平一流、符合时代发展需求和国际化发展潮流的广东现代先进测量体系，对经济社会发展的贡献水平显著提升。"

《2025年广东省人民政府工作报告》指出2025年加快发展新兴产业和未来产业。培育生物制造、量子科技等未来产业，打造国家新型工业化示范区，争创国家未来产业先导区。

（6）湖南省。

2023年10月，中共湖南省委、湖南省人民政府《关于加快建设现代化产业体系的指导意见》提及布局未来的量子科技产业，包括突破量子时间测量、量子重力测量等技术，逐步推进产业化应用。开展量子感知等前沿技术研究，推动量子计算、量子通信等领域部分研究成果向实用化、工程化发展。

《2025年湖南省人民政府工作报告》指出2025年湖南省重点工作包括布局未来产业。着眼科技革命和产业变革抢占制高点，发展人工智能、量子科技等前景无限的未来产业，创建一批未来产业先导区；深化核心技术攻关。聚焦重点优势领域，大力推进长沙量子院量子重力测量等十大技术攻关项目，着力攻克"卡脖子"难题，填补国内技术空白，开辟产业发展新赛道。

（7）湖北省。

2023年11月，湖北省出台《湖北省加快发展量子科技产业三年行动方案（2023—2025）》，提出聚焦产业发展趋势和需求，推进"量子芯片和元器件""量子精密测量""量子保密通信""量子计算机及量子计算服务""量子功能材料"等五大领域关键技术攻关。

（8）河南省。

2022年9月，河南省人民政府办公厅发布《设计河南建设中长期规划（2022—2035年）》提出在量子信息研发设计方面，集中突破量子精密测量等方向核心器件和装置制备关键技术研发与设计。

《2025年河南省人民政府工作报告》指出2025年重点工作包括突出未来产业培育。瞄准量子科技、人工智能等，加快建设重点领域垂直大模型，培育壮大未来信息产业。

三、发展趋势展望

1. 市场规模展望

据ICV TA&K预测，全球量子精密测量市场规模将从2023年的14.6亿美元增长到2035年的38.7亿美元，呈现不断上升趋势，年复合增长率为7.79%。全球量子精密测量领域2023年度总计报道融资事件17件，较2022年融资事件数有所增加，与2021年融资事件数基本持平。量子精密测量领域在2023年获得融资的增加，一方面源于该领域技术的持续突破和进步，引发了投资者对相关初创公司和项目的浓厚兴趣；另一方面，政府的政策支持和整体的市场环境也为量子精密测量领域投发展提供了支持，增强了投资者对该领域的信心。

量子精密测量技术在各领域的下游应用市场展现出广阔的前景。从2023年到2035年，不同领域对于量子精密测量的需求逐渐增长，呈现出多元化的应用场景。首先，对于一些低市场规模的应用，如网络时频管理、心理健康治疗等，虽然市场规模相对较小，但量子精密测量的高准确度和高灵敏度为这些领域带来了更为精准的数据和解决方案，为技术的逐步商业化提供了契机。特别是在阿尔茨海默病治疗、气候变化对抗等领域，量子精密测量的精确诊断和数据采集能力将成为未来关键技术，推动这些领域的创新和发展。其次，随着技术的不断成熟，大规模商业化的领域也将在未来几年逐渐崛起。例如，航空交通管制雷达、无卫星导航、卫星导航等领域对于高准确度测量的需求逐渐增大，量子精密测量技术将在这些领域发挥更为重要的作用。而在深海探测、电池改良、智能驾驶等领域，量子精密测量的高灵敏度和高准确度将成为技术突破的助推器，为产业的不断升级提供动力。最后，2023年至2030年之间，量子雷达技术的应用也将逐渐拓展。量子雷达的高分辨率和高灵敏度使其在国防安全、环境/能源监测、航空交通管理雷达等领域具有独特优势。预计随着技术的进一步发展，量子雷达将在未来成为下一代雷达技术的重要组成部分。

2. 技术发展方向

（1）量子时频测量。

原子钟作为一种相对成熟的量子精密测量产品，具有高度准确和高稳定性的时间测量能力。原子钟技术在实验室和商业应用中具有丰富的使用场景，未来的发展趋势一方面是进一步提高频率稳定性和延长保持时间，以满足不同领域对更高准确度和更长时间同步的需求。另一方面，在面对全球导航卫星系统（global navigation satellite system，GNSS）漏洞和网络攻击的时候，原子钟技术的自主可靠性和安全性将成为关键的发展方向。首先，提高原子钟的频率稳定性和准确度是技术创新的一个核心目标。通过不断突破物理极限，原子钟能够满足更高准确度的计时需求，使其在各个领域得到更广泛的应用。其次，降低原子钟的体积、功耗和成本是另一个重要的技术创新方向。实现原子钟的微型化、集成化和商业化将拓展其应用领域，使其更适用于便携式、手持式设备等多样化场景，同时提高市场规模。最后，开发新型原子钟也是技术创新的重要方向。其中包括芯片级光学原子钟、分子钟等的研发探索新的物理原理和技术途径。这些新型原子钟有望为未来原子钟的发展提供全新的可能性，推动市场不断向前发展。

（2）量子磁场测量。

目前，量子磁力计领域呈现出多元化的发展现状。SQUID、OPM、SERF、NV色心等不同类型的磁力计技术在医学、量子导航、材料研究等领域都取得了显著的进展，应用广泛且多样化。量子磁场传感器的关键性能指标主要包括传感器的灵敏度、带宽和分辨率等。例如，通过改进量子态的制备技术和测量方法，可以提高传感器的灵敏度，使其能够探测到更微弱的信号；同时，通过优化传感器的信号处理算法和硬件结构，可以提高传感器的带宽和分辨率，使其能够更准确地识别和分析信号。这些努力将使量子传感器在科学研究、工业生产等领域发挥更重要的作用。

未来的发展将聚焦于技术创新，以提高量子磁力计的灵敏度、分辨率，并增加多模态整合能力，以满足更广泛的应用需求。便携性和实用性将是未来的趋势，量子磁力计设备将更加便携，方便在医疗、导航等领域实现实时监测和移动诊断。

（3）量子重力测量。

随着技术的不断进步，未来量子重力仪有望实现更小型化，使得其更加适用于不同领域和应用场景从而拓宽其应用范围。并且通过小型化，量子重力仪可以更灵活地集成到各类设备中，实现更广泛的动态测量需求，例如在工业自动化、建筑监测等移动场景中的应用。除此之外，降低成本也是未来量子重力仪发展的重要方向。通过降低制造成本，使得更多领域和行业能够承担得起这一技术的应用。这将进一步推动量子重力仪在市场上的普及和应用，为更多行业提供高质量的动态测量解决方案。此外，通过简化仪器的操作界面、提供用户友好的软件接口等方式，量子重力仪将更容易被推广，从而进一步推动量子重力仪在更多实际场景下的应用拓展。

（4）量子惯性测量。

量子加速度计和量子陀螺仪在实际应用中展现了高准确度和稳定性，但在带宽和动态范围等方面仍有挑战。在技术路线评估方面，不同研究机构和国家在各自的专业领域都取得了一定的突破，但整体而言，存在一些挑战需要克服。针对冷原子干涉加速度计，解决"死时间"问题、提高测量可用性是重要的发展方向。对于量子陀螺仪，三轴加速度测量、工程化应用以及提高整体系统性能是未来的关键任务。在国际合作和国家支持下，量子精密测量领域有望进一步推动量子加速度计和量子陀螺仪技术的创新。未来趋势包括提高性能、微纳化、降低成本，以更好地满足导航、授时、国防等领域的需求。综合而言，量子精密测量技术将继续在实际应用中发挥重要作用，为导航和高准确度测量领域带来新的突破。

（5）量子雷达探测。

量子雷达技术将在不远的将来实现复杂噪声背景下的远程目标探测、高分辨率成像，并在军事和民用领域得到广泛应用。未来的发展趋势将更加重视全面考虑雷达动态范围、灵敏度和带宽等综合因素，以确保系统在各种环境条件下的应用效果。量子雷达系统将逐步采用"经典雷达-量子双通道"的系统形态，实现量子通道与经典雷达的有机结合。这种结合可以在保持当前经典雷达应用场景和技术能力条件下，充分发挥量子通道的高准确度和高灵敏度特性，提升整体雷达性能。在中短期内，这种双通道系统形态将成为主流，更好地应对各种复杂环境和极端天气条件。里德伯原子天线的应用可以提高量子雷达在微波频率范围内的灵敏度，使其更为敏感地探测微弱信号。这对于军事、通信系统和天文学观测等领域的应用具有重要意义。未来的里德伯原子天线将追求更宽的频带和更高的瞬时带宽，以适应不同频率和时间尺度上的信号探测需求。这将增强量子雷达在不同应用场景下的适应性和灵活性。为了提高目标定位的准确度和系统的整体性能，里德伯原子天线有望发展成支持多阵列探测方向的结构。这将使得量子雷达能够同时监测多个方向上的信号，提高系统的全向性和多目标探测能力。

未来，量子精密测量技术将形成国家重要新质生产力。通过进一步以技术创新、标准完善和市场扩展为主导，合作推动技术实用化，标准制定提高可比性，持续向小型化和集成化方向发展。技术突破将主导整体趋势，跨领域合作解决技术难题，推动产业向成熟和商业化迈进，形成完整产业链。未来，量子精密测量各领域发展趋向协同，形成更完善的生态系统，技术的不断创新将成为推动产业发展的主要动力，跨领域的合作将进一步加强。量子科技的时代正在到来。

参考文献

[1] Dirac P A M. The Principles of quantum mechanics[M]. Oxfordshire: Oxford University Press, 1930.

[2] 时空通讯. 既然原子是空的，为什么很多物质不透明，且很坚硬呢？[EB/OL]. (2020-10-01) [2025-01-05] https://zhuanlan.zhihu.com/p/260979071.

[3] Griffiths D J. Introduction to quantum mechanics[M]. London: Pearson Prentice Hall, 2005.

[4] Nielsen M A, Chuang I L. Quantum computation and quantum information[M]. Cambridge: Cambridge University Press, 2010.

[5] Einstein A, Podolsky B, Rosen N. Can quantum-mechanical description of physical reality be considered complete[J]. Physical Review, 1935, 47(10):777-780.

[6] Walls D F, Milburn G J. Quantum optics[M]. Berlin: Springer, 2008.

[7] Riehle F. Frequency standards: basics and applications[M]. Germany: John Wiley & Sons, Ltd, 2004.

[8] Bennett C H, Shor P W. Quantum information theory[J]. IEEE Transactions on Information Theory, 1998, 44(6): 2724-2742.

[9] Pedrozo-Peñafiel E, Colombo S, Shu C, et al. Entanglement on an optical atomic-clock transition[J]. Nature, 2020, 588(7838): 414-418.

[10] Giovannetti, Vittorio, Lloyd S. Quantum-enhanced measurements: beating the standard quantum limit[J]. Science, 2004, 306(5700):1330-1336.

[11] 王义遒, 王庆吉, 傅济时, 等. 量子频标原理[M]. 北京: 科学出版社, 1986.

[12] Mandelstam L, Tamm I G. The uncertainty relation between energy and time in non-relativistic quantum mechanics[M]. Berlin: Springer, 1991.

[13] Milonni P W. The quantum vacuum: an introduction to quantum electrodynamics [M]. America: Academic Press, 1994.

[14] Gardiner C W, Zoller P. Quantum noise: a handbook of Markovian and non-Markovian quantum stochastic methods with applications to quantum optics[M]. Berlin: Springer, 2004.

[15] 李保民, 胡明亮, 范桁. 量子相干[J]. 物理学报, 2019, 68(3): 030304.

[16] 邹明. 经典干涉与量子干涉[J]. 现代物理知识, 2005, 17(06): 10-11.

[17] 龙桂鲁, 刘洋. 广义量子干涉原理及对偶量子计算机[J]. 物理学进展, 2008, 28(04): 410-431.

[18] Peter A, Chung K Y, Chu S. High-precision gravity measurements using atom interferometry[J]. Metrologia, 2001, 38: 25-61.

[19] Ritter S. Double-slit experiment in a hall of mirrors: a purely quantum physical variation of the classic experiment with two atoms reveals surprising interference phenomena[EB/OL]. (2016-03-21) [2024-03-05]. https://www.mpg.de/10380030/double-slit-experiment-atoms

[20] Barrett B, Gominet P-A, Cantin E, et al. Mobile and remote inertial sensing with atom interferometers[J/OL]. (2013-11-27) [2024-01-06]. http://arxiv.org/abs/1311.7033

[21] Feynman R P, Hibbs A R. Quantum mechanics and path integrals[M]. New York: McGraw-Hill, 1965.

[22] 张永超, 张铁犁, 高小强, 等. 基于压缩光与纠缠光的量子干涉精密测量及应用[J]. 宇航计测技术, 2023, 43(6): 25.

[23] Degen C L, Reinhard F, Cappellaro P. Quantum sensing[J]. Reviews of Modern Physics, 2017, 89:035002.

[24] 郭弘, 吴腾, 罗斌. 量子传感(Ⅰ): 基础理论与方法[J]. 物理, 2024, 53(4): 227-236.

[25] 张祐阳, 董翔宇, 王少凯. 重力加速度的量子测量仪器——原子干涉绝对重力仪[J]. 物理, 2024, 53(12): 820-827.

[26] Fox A M. Quantum optics: an introduction[M]. Oxfordshire: Oxford University Press, 2006.

[27] 秦杰, 汪世林, 高溥泽, 等. 核磁共振陀螺技术研究进展[J]. 导航定位与授时, 2014, 1(2): 64-69.

[28] Albert E. On a heuristic viewpoint concerning the production and transformation of light[J]. Annalen der Physik, 1905, 17: 132-148.

[29] Cohen-Tannoudji C, Diu B. Laloë F. Quantum mechanics, Volume I: basic concepts, tools, and applications[M]. New York: Wiley, 1977.

[30] Siegman A E. Lasers[M]. New York: University Science Books, 1986.

[31] 虞丽生. 半导体异质结物理[M]. 2版. 北京: 科学出版社, 2006.

[32] Heisenberg W. Über den anschaulichen Inhalt der quantentheoretischen Kinematik und Mechanik[J]. Zeitschrift für Physik, 1927, 43(3-4): 172-198.

[33] Chu S. Nobel Lecture: The manipulation of neutral particles[J]. Reviews of Modern Physics, 1998, 70(3): 685.

[34] Stark J. Observation of the separation of spectral lines by an electric Field[J]. Nature, 1913, 92(2301): 401.

[35] Zeeman P. On the influence of magnetism on the nature of the light emitted by a

substance[J]. Astrophysical Journal, 1897, 5: 332-347.

[36] Hinkley, Sherman J A, et al. An atomic clock with 10^{-18} instability[J]. Science, 2013, 341(6151): 1215-1218.

[37] Fritz Riehle. Frequency Standards: basics and applications[M]. Berlin: Wiley-VCH, 2004.

[38] Ido T, Katori H. Recoil-free spectroscopy of neutral Sr atoms in the Lamb-Dicke regime[J]. Physical Review Letters, 2003, 91(05): 3001.

[39] 林德华. 超导物理基础及应用[M]. 重庆:重庆大学出版社, 1992.

[40] Kamper R A. The Josephson effect[J]. IEEE Transactions on Electron Devices, 1969, 16(10): 840-844.

[41] Josephson B D. Possible new effects in superconductive tunneling[J]. Physics Letters, 1962, 1(7): 251-253.

[42] 宋海龙, 孙毅, 于珉, 等. 量子霍尔效应在电阻标准中的应用综述[J]. 电子测量与仪器学报, 2021, 35(11): 12-22.

[43] 张钟华. 电磁计量的量子基准及量子三角形[J]. 前沿科学, 2008(03): 4-8.

[44] 蔡理, 马西奎. 单电子晶体管(SET)及其应用[J]. 空军工程大学学报: 自然科学版, 2002, 3(6): 60-63.

[45] Bloch F, Siegert A. Magnetic resonance for nonrotating fields[J]. Physical Review, 1940, 57(6): 522-527.

[46] Harris S E, Field J E, Imamoğlu A. Nonlinear optical processes using electromagnetically induced transparency[J]. Physical Review Letters, 1990, 64(10): 1107.

[47] Autler S H, Townes C H. Stark effect in rapidly varying fields[J]. Physical Review, 1955, 100(2): 703.

[48] Happer W, Tang H. Spin-exchange shift and narrowing of magnetic resonance

lines in optically pumped alkali vapors[J]. Physical Review Letters, 1973, 31(5): 273-276.

[49] Seltzer S J. Developments in alkali-metal atomic magnetometry[D]. Princeton: Princeton University, 2008

[50] Chou c W, Hume D B, Rosenband T, et al. Optical clocks and relativity[J]. Science, 2010, 329(5999): 1630-1633.

[51] 王义遒. 原子的激光冷却与陷俘[M]. 北京: 北京大学出版社, 2007.

[52] Pound R V. Electronic frequency stabilization of microwave oscillators[J]. Review of Scientific Instruments, 1946, 17(11): 490-505.

[53] Drever R W P, Hall J L, Kowalski F V, et al. Laser phase and frequency stabilization using an optical resonator[J]. Applied Physics B, 1983, 31: 97-105.

[54] Demtroeder W. Laser spectroscopy 1: basic principles[M]. 5th ed. New York: Springer, 2014.

[55] Bennett Jr W R. Hole burning effects in a He-Ne optical laser[J]. Physical Review, 1962, 126(2): 580.

[56] Miao J, Shi T, Zhang J, et al. Compact 459-nm Cs cell optical frequency standard with $2.1 \times 10^{-13}/$ short-term stability[J]. Physical Review Applied, 2022, 18(2): 024034.

[57] Schuldt T, Döringshoff K, Kovalchuk E V, et al. Development of a compact optical absolute frequency reference for space with 10^{-15} instability[J]. Applied Optics, 2017, 56(4): 1101-1106.

[58] Rajrk, Bloch D, Snyder J J, et al. High-Frequency optically heterodyned saturation spectroscopy via resonant degenerate four-wave mixing[J]. Physical Review Letters, 1980, 44(19): 1251-1254.

[59] Greve G P, Luo C, Wu B, et al. Entanglement-enhanced matter-wave

interferometry in a high-finesse cavity[J]. Nature, 2022, 610(7932): 472–477.

[60] 杨宏兴, 付海金, 胡鹏程, 等. 超精密高速激光干涉位移测量技术与仪器[J]. 激光与光电子学进展, 2022, 59(9): 0922018.

[61] Gustavson T L, Bouyer P, Kaserich M A. Precision rotation measurements with an atom interferometer gyroscope[J]. Physical Review Letters, 2000, 85(9): 2042.

[62] Berman P R. Atom interferometry[M]. San Diego: Academic Press, 1997.

[63] 张建军, 李海欧, 郭国平. 半导体量子计算芯片[J]. 中国科学: 信息科学, 2024, 54(01):102-109.

[64] Rabinovich W S, Goetz P G, Mahon R, et al. Performance of Cat's eye modulating retroreflectors for free-space optical communications[J]. Free-Space Laser Communications IV, 2004, 5550: 104-114.

[65] Zhang Y, Jiang Z, Gao C. Frequency and phase noise analysis in the 1550 nm external cavity diode laser with a cat-eye reflector [J]. Optics Express, 2025, 33(5): 11022-11031.

[66] Fischer R E, Tadic-Galeb B, Yoder P R, et al. Optical system design [M]. New York: McGraw Hill, 2000.

[67] 国家市场监督管理总局, 国家标准化管理委员会. 光钟性能表征及测量方法: GB/T 43785—2024[S]. 北京: 中国标准出版社, 2024: 3.

[68] Droste S, Ozimek F, Udem TH, et al. Optical frequency transfer over a single-span 1840 km fiber link[J]. Physical Review Letters, 2013, 111(11): 110801.

[69] Metcalf H J, Straten P V D. Laser cooling and trapping[M]. New York: Springer, 1999.

[70] Demtröder W. Laser spectroscopy: basic concepts and instrumentation[M]. Berlin: Springer, 2003.

[71] Häffner H, Roos C F, Blatt R. Quantum computing with trapped ions[J]. Physics Reports, 2008, 469(4):155-203.

[72] Datta S. Electronic transport in mesoscopic systems[M]. Cambridge: Cambridge University Press, 1997.

[73] Xie T, Zhao Z, Kong X, et al. Beating the standard quantum limit under ambient conditions with solid-state spins[J]. Science Advances, 2021, 7(32): 9204.

[74] Clarke J, Wilhelm F K. Superconducting quantum bits[J]. Nature, 2008, 453(7198): 1031-1042.

[75] 李云超, 胡旭文, 刘召军, 等. 芯片原子钟原子气室的研究进展[J]. 激光与光电子学进展, 2018, 55(6): 23-34.

[76] Vicarini R, Hafiz MA, Maurice V, et al. Mitigation of temperature-induced light-shift effects in miniaturized atomic clocks[J]. IEEE Transactions on Ultrasonics, Ferroelectrics, and Frequency Control, 2019, 66(12): 1962-1967.

[77] Hummon MT, Kang S, Bopp D, et al. Photonic chip for laser stabilization to an atomic vapor with 10-11 instability[J]. Optica, 2018, 5(4): 443-449.

[78] Ramsey, Norman F. Molecular beams[M]. Oxfordshire: Oxford University Press, 1956.

[79] 马红玉, 成华东, 张文卓, 等. 积分球内的铷原子激光冷却[J]. 物理学报, 2009, 58(3): 1569-1573.

[80] Vahala K J. Optical microcavities[J]. Nature, 2003, 424(6950): 839-846.

[81] Kessler T, Hagemann C, Grebing C, et al. A sub-40 mHz linewidth laser based on a silicon single-crystal optical cavity[J]. Nature Photonics, 2012, 6: 687-692.

[82] Matei D G, Legero T, Häfner S, et al. 1.5 μm lasers with sub-10 mHz linewidth [J]. Physical Review Letters, 2017, 118:263202.

[83] Shi T, Zhang J, Miao J, et al. Anti-resonant Fabry-Perot cavity with ultra-low

finesse[J]. Physics Review A, 2023, 107:023517.

[84] Shi T, Pan D, Chen J. An inhibited laser[J]. Communications Physics, 2022, 5: 208.

[85] Cundiff S T, Ye J. Colloquium: Femtosecond optical frequency combs[J]. Reviews of Modern Physics, 2003, 75(1): 325-342.

[86] Udem TH, Holzwarth R, Hänsch T W. Optical frequency metrology[J]. Nature, 2002, 416(6877): 233-237.

[87] Neuman K C, Nagy A. Single-molecule force spectroscopy: optical tweezers, magnetic tweezers and atomic force microscopy[J]. Nature Methods, 2008, 5(6): 491-505.

[88] 李银妹, 龚雷, 李迪, 等. 光镊技术的研究现况[J]. 中国激光, 2015, 42(1): 101001.

[89] 国家市场监督管理总局, 国家标准化管理委员会. 单光子源性能表征及测量方法: GB/T 43784—2024[S]. 北京: 国家标准出版社, 2024.

[90] 霍晓培, 杨德振, 喻松林, 等. 单光子探测器研究现状与发展[J]. 激光与红外, 2023, 53(1): 3-11.

[91] Bottom V E. Introduction to quartz crystal unit design[M]. New York: Van Nostrand Reinhold Company, 1982.

[92] 冯致礼, 王之兴. 晶体滤波器[M]. 北京: 宇航出版社, 1986.

[93] 罗斌. 原子滤光器原理及技术[M]. 北京: 北京邮电大学出版社, 2018.

[94] Pan D, Xue X, Shang H, et al. Hollow cathode lamp based Faraday anomalous dispersion optical filter[J]. Scientific Reports, 2016, 6(1): 29882.

[95] Shang H, Zhang T, Miao J, et al. Laser with 10^{-13} short-term instability for compact optically pumped cesium beam atomic clock[J]. Optics Express, 2020, 28(5): 6868.

[96] 杨思嘉, 黎华, 曹俊诚. 基于新材料体系的太赫兹量子级联激光器研究展望[J]. 中国科学: 物理学 力学 天文学, 2021, 51(05): 92-101.

[97] 程乃俊, 李惟帆, 祁峰. 中红外激光器研究进展[J]. 激光与光电子学进展, 2023, 60(17): 71-88.

[98] Liu Z, Guan X, Qin X, et al. An atomic filter laser with a compact Voigt anomalous dispersion optical filter[J]. Applied Physics Letters, 2023, 123(13): 131103.

[99] Miao X, Yin L, Zhuang W, et al. Note: Demonstration of an external-cavity diode laser system immune to current and temperature fluctuations[J]. Review of Scientific Instruments, 2011, 82(8):086106.

[100] 陈景标, 史田田, 潘多, 葛哲屹. 法拉第激光器[M]. 北京: 科学出版社, 2025.

[101] [加]雅克·瓦尼尔, [加]西普里亚纳·托梅斯库. 原子频标中的量子物理进展[M]. 薛潇博, 葛军, 庄伟, 解晓鹏, 张晓刚, 潘多, 译. 北京: 国防工业出版社, 2023.

[102] 张晨. 金刚石内氮-空位自旋系综操控与惯性测量研究[D]. 北京: 北京航空航天大学, 2018.

[103] Elsbury M, Burroughs C, Dresselhaus P, et al. Microwave packaging for voltage standard applications[J]. IEEE Transactions on Applied Superconductivity, 2009, 19(3): 1012-1015.

[104] 郑东宁. 超导量子干涉器件[J]. 物理学报, 2021, 70(1): 018502.

[105] Irwin K D, Hilton C G. Transition-edge sensors, incryogenic particle detection[J]. Topcs APPl. PHYs., 2005, 99: 63.

[106] Arimondo E. V coherent population trapping in laser spectroscopy[J]. Progress in Optics, 1996, 35: 257-354.

[107] Brune M, Haroche S, Lefevre V, et al. Quantum nondemolition measurement of

small photon numbers by Rydberg-atom phase-sensitive detection[J]. Physical Review Letters, 1990, 65(8): 976-979.

[108] Tanabe Y, Sakamoto Y, Kohno T, et al. Frequency references based on molecular iodine for the study of Yb atoms using the 1S0-3P1 intercombination transition at 556 nm[J]. Optics Express, 2022, (30): 46487-46500.

[109] Bothwell T, Kennedy C J, Aeppli A, et al. Resolving the gravitational redshift across a millimetre-scale atomic sample[J]. Nature, 2022, 602(7897): 420-424.

[110] Bohnet J G, Chen Z, Weiner J M, et al. A steady-state superradiant laser with less than one intracavity photon[J]. Nature, 2012, 484(7392): 78-81.

[111] 国家市场监督管理总局. 时间频率计量名词术语及定义: JJF 1180-2025[S]. 北京: 中国标准出版社, 2025: 3.

[112] 陈江, 李得天, 王骥等. 导航铯原子钟的发展现状及趋势[J]. Space Internationa, 2016, 16(4):20-24.

[113] Huang K K, Zhang J W, Yu D S, et al. Application of electron-shelving detection via 423 nm transition in calcium-beam optical frequency standard[J]. Chinese Physics Letters, 2006, 23(12): 3198-3201.

[114] 高家红, 雷皓, 陈群等. 磁共振成像发展综述[J]. 中国科学:生命科学, 2020, 50(11): 1285-1295.

[115] 郭弘, 吴腾, 罗斌. 量子传感(Ⅰ): 基础理论与方法[J]. 物理, 2024, 53(4): 227-236.

[116] Aleksandrov E B, Vershovskii A K. Modern radio-optical methods in quantum magnetometry[J]. Physics-Uspekhi, 2009, 52(6): 573-601.

[117] Liu Y, Peng X, Wang H, et al. Femtotesla 4He magnetometer with a multipass cell[J]. Optics Letters, 2022, 47(20): 5252-5255.

[118] Bell W E, Bloom A L. Optical detection of magnetic resonance in alkali metal

vapor[J]. Physics Review, 1957, 107(6): 1559-1565.

[119] Wang Z. Review of chip-scale atomic clocks based on coherent population trapping[J]. Chinese Physics B, 2014, 23(3): 030601.

[120] 王学锋, 邓意成, 徐强锋, 等. 宇航用原子磁力仪研究与应用进展[J]. 前瞻科技, 2022, 1(01): 159-168.

[121] 国家市场监督管理总局, 国家标准化管理委员会. 量子精密测量中里德堡原子制备方法: GB/T 43735—2024[S]. 北京: 中国标准出版社, 2024: 3.

[122] 王义遒. 原子的激光冷却与捕陷(Ⅱ)[J]. 物理, 1990, 19(8): 449-454, 460.

[123] 庄伟, 李天初. 激光冷却和操控原子:原理与应用[J]. 科技导报, 2018, 36(5): 28-38.

[124] 王旭成. 积分球冷原子钟[D]. 上海: 中国科学院上海光机所, 2012.

[125] Xiao L, Wang X C, Zhang W Z, et al. Loading of cold ^{87}Rb atom with diffuse light in an integrating sphere[J]. Chinese Optics Letters, 2010, 8(3): 253-255.

[126] Ostendorf A, Zhang C B, Wilson M A, et al. Sympathetic cooling of complex molecular ions to millikelvin temperatures[J]. Physical Review Letters, 2006, 97(24): 243005.

[127] Kasevich M A, Riis E, Chu S, et al. RF spectroscopy in an atomic fountain[J]. Physics Review Letters, 1989, 63(6): 612-615.

[128] Wynands R, Weyers S. Atomic fountain clocks[J]. Metrologia, 2005, 42: S64-S79.

[129] 卢晓同, 常宏. 光晶格原子钟及其在基础物理学中的应用[J]. 物理, 2023, 52(7): 467-475.

[130] Dong X Y, Jin S, Shui H, et al. Improve the performance of interferometer with ultra-cold atoms[J]. Chinese Physics B, 2021, 30(1): 014210.

[131] 郭文祥, 刘伍明. 光晶格中的冷原子[J]. 物理, 2016, 45(6): 370-377.

[132] 郑发松. 喷泉钟温度免疫真空一体微波腔与光生微波技术研究[D]. 北京: 清华大学, 2021: 46.

[133] 阮军. 守时型铯原子喷泉钟关键技术的研究和实现[D]. 北京:中国科学院国家授时中心, 2012: 24.

[134] Jin S, Guo X, Peng P, et al. Finite temperature phase transition in a cross-dimensional triangular lattice[J]. New Journal of Physics, 2019, 21(7): 073015.

[135] 林弋戈, 方占军. 锶原子光晶格钟[J]. 物理学报, 2018, 67(16): 160604.

[136] Li Y, Lin Y, Wang Q, et al. An improved strontium lattice clock with 10-16 level laser frequency stabilization[J]. Chinese Optical Letters, 2018, 16(5): 051402.

[137] 史田田, 关笑蕾, 缪健翔, 等.基于铷原子420 nm蓝光冷却的主动光钟超辐射激光实验方案[J].时间频率学报, 2022(002): 045.

[138] 张佳, 史田田, 缪健翔, 陈景标.主动光钟研究进展[J].计测技术, 2023, 43(03): 1-16.

[139] Chen J B. Active optical clock[J]. Chinese Science Bulletin, 2009, 54(3): 348-352.

[140] 徐炜豪, 吕伟, 仲嘉琪, 等.原子干涉重力梯度仪发展现状与分析[J]. 导航与控制, 2022, 21(5): 80-90, 65.

[141] 谭立龙, 张彦涛, 王鹏, 等.原子干涉重力仪测量原理与发展现状[J]. 地球物理学进展, 2020, 35(4): 1310-1316.

[142] 国家市场监督管理总局, 国家标准化管理委员会. 原子重力仪性能要求和测试方法: GB/T 43740—2024[S]. 北京: 中国标准出版社, 2024: 3.

[143] Stray B, Lamb A, Kaushik A. et al. Quantum sensing for gravity cartography[J]. Nature, 2022, 602(7898): 590-594.

[144] 孟至欣, 颜培强, 王圣哲, 等.原子干涉陀螺仪研究现状及分析[J].导航与控制, 2022, 21(Z2): 19-32.

[145] Cronin A D, Schmiedmayer J, Pritchard D E. Optics and interferometry with atoms and molecules[J]. Reviews of Modern Physics, 2009, 81: 1051-1129.

[146] 成永军, 董猛, 孙雯君, 等. 冷原子量子真空测量设备小型化研究进展综述[J]. 宇航计测技术, 2023, 43(6): 17-24.

[147] Budker D. Optical magnetometry[M]. Cambridge: Cambridge University Press, 2013.

[148] 刘鹏. 积分球冷原子钟性能优化实验研究[D]. 上海:中国科学院上海光学精密机械研究所, 2016.

[149] Wang X M, He J, Wang Y J, et al. A high-stability compact optical system for integrating sphere cold atom clock[C]// 2022 Joint Conference of the European Frequency and Time Forum and IEEE International Frequency Control Symposium (EFTF/IFCS), 2022: 1-4.

[150] Meng Y L, Jiang X J, Wu J, et al. Satellite-borne atomic clock based on diffuse laser-cooled atoms[J]. Frontiers of Physics, 2022, 10:985586.

[151] Cheng H D, Zhang W Z, Ma H Y, et al. Laser cooling of rubidium atoms from background vapor in diffuse light[J]. Physics Review A, 2009, 79(2): 023407.

[152] Foot C J. Atomic Phyisic[M]. Oxford: Oxford University Press, 2013.

[153] Stenholm S. The semiclassical theory of laser cooling[J]. Reviews of Modern Physics, 1986, 58(3): 699-739.

[154] 王暖让, 易航, 薛潇博, 等. 汞离子微波钟技术研究进展[J]. 宇航计测技术, 2023, 43(5): 22-26.

[155] Itano W, Bergquist J C, Brusch A, et al. Optical frequency standards based on mercury and aluminum ions[C]// Conference on Time and Frequency Metrology, 2007:667303.

[156] Cao J, Yuan J, Wang S, et al. A compact, transportable optical clock with

uncertainty and its absolute frequency measurement[J]. Applied Physics Letters, 2022, 120(5): 054003.

[157] 朱星. 高精度可移动原子钟[J]. 物理, 2017, 46(4): 246.

[158] 叶明勇, 张永生, 郭光灿. 量子纠缠和量子操作[J]. 中国科学: G辑, 2007, 37(6): 716-722.

[159] 李苏, 何大华, 李亚鹏. 散粒噪声对目标探测率的影响[J]. 舰船电子工程, 2021, 41(12): 196-199.

[160] Drake G W. Springer handbook of atomic, molecular, and optical physics[M]. Berlin: Springer Nature, 2023.

[161] Oliveira A, Arruda M, Soares W, et al. Phase conjugation and mode conversion in stimulated parametric down-conversion with orbital angular momentum: a geometrical interpretation[J]. Brazilian Journal of Physics, 2019, 49: 10-16.

[162] 李志, 唐利斌, 左文斌, 等. 中波红外量子点材料与探测器研究进展[J]. 红外技术, 2023, 45(12): 1263-1277.

[163] 冯百成, 李召辉, 师亚帆, 等. 基于双模式探测器的大动态范围激光测距[J]. 光学学报, 2016, 36(05): 16-21.

[164] 滕继慧. 腔光机械系统量子特性的理论研究[D]. 大连: 大连理工大学, 2014.

[165] Altmann Y, Mclaughlin S, Padgett M J, et al. Quantum-inspired computational imaging[J]. Science, 2018, 361(6403): eaat2298.

[166] 周牧, 嵇长银, 王勇, 等. 基于双步符合计数的纠缠光量子成像方法[J]. 光学学报, 2023, 43(20): 278-288.

[167] Lefèvre H. The fiber-optic gyroscope [M]. 3rd edition. London: Artech House, 2022.

[168] Hummon M T, Kang S, Bopp D, et al. Photonic chip for laser stabilization to an atomic vapor with 10^{-11} instability[J]. Optica, 2018, 5(4): 443-449.

[169] Newman Z L, Maurice V, Drake T E, et al. Architectrue for the photonic integration of an optical atomic clock[J]. Optica, 2019, 6(5): 680-685.

[170] 张晓峰, 朱俊, 曾贵华. 量子光源综述[J]. 南京邮电大学学报(自然科学版), 2011, 31(2): 83-93.

[171] Li W Z, Yang C, Zhou Z Y, et al. Harmonics-assisted optical phase amplifier[J]. Light: Science & Applications, 2022, (11): 2748-2754.

[172] Shen G, Zheng T, Li Z, et al. Self-gating single-photon time-of-flight depth imaging with multiple repetition rates[J]. Optics and Lasers in Engineering, 2022, 151: 106908.

[173] 郑洪全, 戴景民. 光声光谱技术应用于痕量气体浓度测量的研究进展[J]. 光谱学与光谱分析, 2024, 44(1): 1-14.

[174] 潘奕捷, 王瑾, 张诚, 等. 硅基微腔光子学测温技术研究进展[J]. 计测技术, 2022, 42(6): 1-10.

[175] Wang H, Huang J, Huang C, et al. Robustness of optic-fiber-based weak-value amplification against amplitude-type noise[J]. Applied Optics, 2022, 61(24): 7017-7024.

[176] M-Loaiza O S, Mirhosseini M, Rodenburg B, et al. Amplification of angular rotations using weak measurements[J]. Physical Review Letters, 2014, 112(20): 200401.

[177] 胥亮, 张利剑. 基于弱值的量子精密测量与量子层析研究进展[J]. 激光与光电子学进展, 2021, 58(10):49-69.

[178] 王犇, 张利剑. 光量子精密测量研究进展[J]. 中国激光, 2024, 51(1): 354-368.

[179] 翟艺伟, 潘展鹏, 薛胜春. 基于频率纠缠双光子和级联Hong-Ou-Mandel干涉的量子陀螺仪理论研究[J]. 物理学报, 2025, 74(9): 098501.

[180] Hendricks J. Quantum for pressure[J]. Nature Physics, 2018, 14(1): 100.

[181] Egan PF. Capability of commercial trackers as compensators for the absolute refractive index of air[J]. Precision Engineering, 2022, 77: 46-64.

[182] F C, Silander I, Zakrisson J, et al. Demonstration of a Transportable Fabry–Pérot Refractometer by a Ring-Type Comparison of Dead-Weight Pressure Balances at Four European National Metrology Institutes[J]. Sensors, 2024, 24(7): 1-13.

[183] Gibney E. New definitions of scientific units are on the horizon[J]. Nature, 2017, 550(7676): 312-313.

[184] Zhang W P, Chen X Y, Wu X J, et al. Adaptive cavity-enhanced dual-comb spectroscopy[J]. Photonics Research, 2019, 7, 883–889.

[185] Ideguchi T, Poisson A, Guelachvili G, et al. Adaptive real-time dual-comb spectroscopy[J]. Nature Communications, 2014, 5: 3375.

[186] Hoghooghi N, Wright R J, Makowiecki A S, et al. Broadband coherent cavity-enhanced dual-comb spectroscopy[J]. Optica, 2019, 6: 28–33.

[187] Li T, Kheifets S, Raizen M G. Millikelvin cooling of an optically trapped microsphere in vacuum[J]. Nature Physics, 2011, 7(7).

[188] Taylor M A, Bowen W P. A computational tool to characterize particle tracking measurements in optical tweezers[J]. Journal of Optics, 2013, 15(8): 5701.

[189] Wu Y J, Yu P P, Liu Y F, et al. Controllable microparticle spinning via light without spin angular momentum[J]. Physics Review Letter, 2024, 132(25): 5.

[190] Ahn J, Xu Z, Bang J, et al. Optically levitated nanodumbbell torsion balance and GHz nanomechanical rotor[J]. Physical Review Letters, 2018, V121(3): 033603

[191] Vijayan J, Zhang Z, Piotrowski J, et al. Scalable all-optical cold damping of levitated nanoparticles[J]. Nature Nanotechnology, 2022, 18(1): 49-54.

[192] Aspelmeyer M, Kippenberg T J, Marquard F. Cavity optomechanics[J].

Reviews of Modern Physics, 2014, 86(4): 1391-1452.

[193] Li T, Simon K, Mark G. Millikelvin cooling of an optically trapped microsphere in vacuum[J]. Nature Physics, 2011, 7, 527-530.

[194] Liang T, Zhu S, He P, et al. Yoctonewton force detection based on optically levitated oscillator[J]. Fundamental Research, 2023, 3(1): 57-62.

[195] Ahn J, Xu Z, Bang J, et al. Ultrasensitive torque detection with an optically levitated nanorotor[J]. Nature Nanotechnology, 2020, 15(2): 89-93.

[196] Monteiro F, Li W, Afek G, et al. Force and acceleration sensing with optically levitated nanogram masses at microkelvin temperatures[J]. Physical Review A, 2020, 101, 053135.

[197] Monteiro F, Ghosh S, Fine A G, et al. Optical levitation of 10-ng spheres with nano-g acceleration sensitivity[J]. Physical Review A, 2017, 96(6): 063841.

[198] Zeng K, Xu X, Wu Y, et al. Optically levitated micro gyroscopes with MHz rotational vaterite rotor[J]. Microsystems & Nanoengineering, 2024, 10(78): 1-9.

[199] Zhang H, Yang G, Gao X, et al. An orthogonal-transmitting double-beam optical trap system for wide-range and high-precision relative gravimetry[J]. Optics Communications, 2023, 528: 129012.

[200] Hebestreit E, Frimmer M, Reimann R, et al. Sensing static forces with free-falling nanoparticles[J]. Physical Review Letters, 2018, 121(6): 063602.

[201] Frimmer M, Luszcz K, Ferreiro S, et al. Controlling the net charge on a nanoparticle optically levitated in vacuum[J]. Physical Review A, 2017, 95(6): 061801.

[202] 冯海宁, 金世龙, 陈鑫麟, 等. 片上光阱中悬浮微球的带电量测量技术(特邀)[J]. 光学学报（网络版）, 2024, 01(4): 0404001.

[203] Blakemore C P, Rider A D, Roy S, et al. Precision mass and density measurement of individual optically levitated microspheres[J]. Physical Review Applied,

2019, 12(2): 024037.

[204] Ricci F, Cuairan M T, Conangla G P, et al. Accurate mass measurement of a levitated nanomechanical resonator for precision force-sensing[J]. Nano letters, 2019, 19(10): 6711-6715.

[205] Zeng K, WU Y, WU X, et al. Polarization-modulation-based orientation metrology of optically levitated rotating birefringent particles[J]. Physical Review Research, 2024, 6(013160): 1-6.

[206] 钟航, 陈钧, 陈骏, 等. 悬浮微粒的光学捕获与光谱技术研究进展[J]. 中国激光, 2024, 51(3): 0307303

[207] 王忠伟, 黄晓钉, 蔡建臻, 等. 低磁场量子化霍尔电阻样品发展综述[J]. 宇航计测技术, 2023, 43(2): 1-6.

[208] Ribeiro-Palau R, Lafont F, Brun-Picard J, et al. Quantum Hall resistance standard in graphene devices under relaxed experimental conditions[J]. Nature Nanotechnology, 2015, 10(11): 965-971.

[209] 高原, 李红晖, 沈雪槎, 等. 10V约瑟夫森结阵电压基准[J]. 现代计量测试, 2000, 03(05): 1005-3387.

[210] 胡毅飞, 周庚如, 王路等. 10V直流电压标准研究[J]. 计量学报, 2000, 21(3): 205-209.

[211] 周庚如. JVS型约瑟逊电压标准的研制[J]. 宇航计测技术, 1988, 8(3): 1-9.

[212] 周琨荔, 屈继峰, 张钟华, 等. 交流量子电压标准研究综述[J]. 计量学报, 2017, 38(4): 486-491.

[213] Stephan B. Direct traceability of a capacitance standard with a pulse-driven Josephson impedance bridge[EB/OL]. (2017-12-27) [2024-11-15]. https://www.ptb.de/cms/en/service-seiten/news/newsdetails.html?tx_news_pi1%5Bnews%5D=8689&tx_news_pi1%5Bcontroller%5D=News&tx_news_

pi1%5Baction%5D=detail&cHsh=c7abb73ed1ac7b8e33123203c6097d11

[214] Giblin S P, Yamahata G, Fujiwara A, et al. Precision measurement of an electron pump at 2 GHz; the frontier of small DC current metrology[J]. Metrologia, 2023, 60(5): 055001.

[215] 张忠华, 贺青, 李正坤, 等. 量子化霍尔电阻国家标准的研究[J]. 计量学报, 2005, 26(2): 97-101.

[216] 黄晓钉, 王忠伟, 蔡建臻, 等. 交流量子电阻传递电桥的研制[J]. 中国测试, 2022, 48(11): 138-144.

[217] Schurr J, Melcher J, Von Campenhausen A, et al. AC behaviour and loss phenomena in quantum Hall samples[J]. Metrologia, 2002, 39(1): 3.

[218] Schurr J, K J, Pierz K, et al. The quantum Hall impedance standard[J]. Metrologia, 2011, 48(1): 47.

[219] 张钟华. 低温电流比较仪及其应用[J]. 中国计量, 2001, (6):42-43.

[220] Physikalisch-Technische Bundesanstalt. Quanten-Hall-Effekt, Widerstand und Stromstärke[EB/OL]. [2024-12-11]. https://www.ptb.de/cms/ptb/fachabteilungen/abt2/fb-26/ag-261.html

[221] Croce M P, Bond E M, Hoover A S, et al. Sensor and method development for analysis of alpha-and beta-decaying radioisotopes embedded inside microcalorimeter detectors[J]. IEEE Transactions on Applied Superconductivity, 2014, 25(3): 1-3.

[222] 刘刚钦, 邢健, 潘新宇. 金刚石氮空位中心自旋量子调控[J]. 物理学报, 2018, 67(12): 21-33.

[223] Cheng Z, Wang C J, Ding B, et al. Observation of magnetic domain patterns with tilted uniaxial anisotropy using a single-spin magnetometer[J]. Physical Review B, 2022, 105(6): 064433.

[224] Chen S, Li W, Zheng X, et al. Immunomagnetic microscopy of tumor tissues using quantum sensors in diamond [J]. Proceedings of the National Academy of Sciences, 2022, 119(5): e2118876119.

[225] Chen X D, Dong C H, Sun F W, et al. Temperature dependent energy level shifts of nitrogen-vacancy centers in diamond[J]. Applied Physics Letters, 2011, 99(16): 161903.

[226] 靖克, 谢一进, 荣星, 等. 基于金刚石氮-空位色心的磁测量技术[J]. 计测技术, 2023, 43(4): 15-32.

[227] Sengottuvel S, Mrozek M, Sawczak M, et al. Wide-field magnetometry using nitrogen-vacancy color centers with randomly oriented micro-diamonds[J]. Scientific Reports, 2022, 12: 17997.

[228] Friedrich S, Boyd S P, Cantor R. Magnetic Microcalorimeter (MMC) gamma detectors with ultra-high energy resolution[R]. Lawrence Livermore National Lab.(LLNL), Livermore, CA (United States), 2019.

[229] Linhn L. Development of Metallic Magnetic Calorimeters and Paramagnetic Alloys of AG and ER for Gamma-Ray Spectroscopy[D]. University of New Mexico, 2018.

[230] Zhou Z Z, Xu L J, Liu Y T, et al. Magnetic Shield Design and Simulation Optimization of Metallic Magnetic Calorimeter in Ultra-Low Temperature Working State[J]. Journal of Low Temperature Physics, 2024, 215(1): 46-63.

[231] Zhou Z Z, Zhang Y H, Jin S C, et al. Metallic magnetic calorimeters based on quantum metrology: Optimal design of thermal coupling system[J]. Case Studies in Thermal Engineering, 68, 105940, 2025.

[232] 国家市场监督管理总局, 国家标准化管理委员会. 量子测量术语: GBT 43737-2024[S]. 北京: 国家标准出版社, 2024.

索 引

（按汉语拼音排序）

B		低温电流比较仪	7.10
饱和吸收谱	1.38	迪克效应	1.23
被动氢原子钟	3.6	电八极矩	5.2
不确定性原理	1.19	电磁感应透明效应	1.33
布洛赫-西格特频移效应	1.32	电四极矩	5.1
C		**F**	
超导量子干涉器件	2.23	法拉第激光器	2.19
超导转变边缘传感器	2.24	符合计数成像	6.10
磁光阱激光冷却	4.2	**G**	
磁量热辐射能量测量	8.6	钙离子光钟	5.11
磁选态铯原子钟	3.8	钙原子光钟	3.11
D		高精细度共振法布里-珀罗腔	2.6
单电子隧穿电流标准	7.8	镉离子微波钟	5.7
单光子雷达	6.18	汞离子光钟	5.9
单光子探测器	2.10	汞离子微波钟	5.6
单光子-线性跨模式光强测量	6.6	光泵磁强计	3.16
低精细度反共振法布里-珀罗腔		光抽运铯原子钟	3.9
	2.7	光抽运效应	1.27

光浮电荷测量	6.32	核磁共振	1.26
光浮极弱力测量	6.27	核磁共振波谱仪	3.12
光浮极弱扭矩测量	6.28	**J**	
光浮加速度计	6.29	积分球	2.4
光浮粒子旋转测量	6.25	基于超导转变边缘传感器的	
光浮陀螺仪	6.30	衰变能谱测量	7.9
光浮微转子高真空测量	6.34	基于电子输运的测量	1.51
光浮位移测量	6.24	基于固态量子体系的测量	1.52
光浮质量测量	6.33	基于光浮和光谱技术的	
光浮重力仪	6.31	物理化学测量	6.35
光晶格	4.7	基于光量子体系的测量	1.50
光量子	1.15	基于光量子谐波的光学	
光量子陀螺	6.21	相位测量	6.17
光镊	2.9	基于光子动量的力学测量	6.7
光生微波频率源	2.11	基于冷原子操控的测量	1.47
光探测磁共振效应	8.1	基于量子点的湿度测量	6.11
光纤陀螺	6.12	基于囚禁离子的测量	1.49
光学干涉中低真空测量仪	6.22	基于热原子量子效应的测量	1.48
光学频率梳	2.8	基于砷化镓的量子霍尔	
光学微腔	2.5	电阻标准	7.5
单光子关联成像	6.9	基于石墨烯的量子霍尔	
光子效应超痕量气体成分测量	6.19	电阻标准	7.6
H		基于压缩光的角振动测量	6.16
海森伯极限	1.20	激光测量	1.41
氦原子磁强计	3.15	激光多普勒冷却	4.4

激光干涉	1.40	冷原子真空计	4.15
激光冷却	4.1	冷原子重力梯度仪	4.12
碱金属磁强计	3.14	冷原子重力仪	4.11
交流量子霍尔电阻标准	7.7	冷原子主动光钟	4.10
金刚石氮-空位色心	2.20	离子阱	5.3
金刚石氮-空位色心磁场测量	8.4	离子囚禁	5.4
金刚石氮-空位色心量子显微镜	8.2	离子云的分子动力学模拟	5.5
		里德伯原子	3.2
金刚石氮-空位色心矢量磁场测量	8.5	里德伯原子场强测量	3.20
		里德伯原子太赫兹成像	3.22
金刚石氮-空位色心温度测量	8.3	里德伯原子微波功率测量	3.21
晶体滤波器	2.13	量子	1.1
晶体振荡器	2.12	量子测量芯片	1.43
纠缠光子	6.1	量子传感	1.14
K		量子点	6.5
可编程约瑟夫森电压标准	7.2	量子电阻样品	2.22
空心阴极灯	2.15	量子叠加态	1.3
库仑离子晶体	2.25	量子干涉	1.13
L		量子霍尔电阻标准	7.4
拉姆塞分离振荡场方法	1.28	量子霍尔效应	1.30
兰姆-迪克效应	1.24	量子基态冷却	6.26
朗道能级	1.18	量子级联激光器	2.18
冷原子磁强计	4.16	量子计量	1.10
冷原子干涉陀螺仪	4.13	量子精密测量	1.9
冷原子加速度计	4.14	量子纠缠态	1.4

量子频标	1.45	**S**	
时频传递	1.46	萨格纳克效应	1.25
量子隧穿效应	1.31	塞曼效应	1.22
量子态	1.2	散粒噪声极限	6.2
量子态探测	1.7	铯原子钟	3.7
量子态制备	1.6	受激参量下转换	6.4
量子信息	1.8	双光梳吸收光谱真空分压力	
量子压缩态	1.5	测量仪	6.23
量子噪声	1.12	斯塔克效应	1.21
量子涨落	1.11	锶原子光晶格钟	4.9
铝离子光钟	5.12	**T**	
M		调制转移谱	1.39
脉冲驱动式交流约瑟夫森		**W**	
电压标准	7.3	微机电系统	2.26
漫反射激光冷却	4.3	微机电系统原子气室	2.2
猫眼结构	1.44	微腔光子温度测量	6.20
O		无自旋交换弛豫	1.35
欧特莱-汤斯效应	1.34	无自旋交换弛豫惯性测量系统	3.24
P		无自旋交换弛豫原子磁强计	3.23
PDH激光稳频	1.37	**X**	
喷泉原子钟	4.8	相干布居囚禁	3.1
Q		相干布居囚禁原子磁强计	3.19
腔光机械耦合	6.8	相干布居囚禁原子频标	3.18
R		协同冷却	4.5
铷原子钟	3.10	芯片波长标准	6.14

索 引

芯片惯性标准	6.13	原子束	1.42
芯片光钟	6.15	原子束管	2.3
Y		原子稳频激光器	2.17
镱离子光钟	5.10	原子跃迁激光波长标准	3.4
镱离子微波钟	5.8	约瑟夫森结	2.21
原子磁强计	3.13	约瑟夫森效应	1.29
原子干涉陀螺仪	3.17	约瑟夫森直流电压标准	7.1
原子滤光器	2.14	**Z**	
原子能级	1.16	窄线宽外腔半导体激光器	2.16
原子能级跃迁	1.17	重力红移	1.36
原子能级跃迁时频测量	3.3	主动氢原子钟	3.5
原子喷泉	4.6	自发参量下转换	6.3
原子气室	2.1